校企"双元"合作教材

职业教育新形态创新型示范教材

新一代信息技术基础

主　编	郑根让	李建辉	赵清艳
副主编	程响林	易巧玲	易朝刚
	刘满兰	伍天宇	
参　编	徐晓斐	彭建喜	于功山
	汤岱宇	刘立惠	何健骏
主　审	曹　勇		

西安电子科技大学出版社

内容简介

本书依据教育部最新版《高等职业教育专科信息技术课程标准(2021年版)》编写。全书分为基础篇和拓展篇两大部分，其中基础篇的内容包括计算机基础知识、WPS办公文档编辑、WPS数据表格处理、WPS演示文稿制作和信息检索，拓展篇的内容包括信息安全、大数据技术、区块链、人工智能、物联网和云计算。

本书可作为应用型本科、高等职业院校及各类职业学校信息技术基础课程的教材，也可作为教师、科研人员、工程技术人员及相关培训机构的参考书，还可作为全国计算机等级WPS考试的教学指导书及信息技术爱好者的自学用书。

本书提供了电子课件、课程标准、授课计划、素材包、电子教案、习题答案等资源，读者可登录西安电子科技大学出版社官网(www.xduph.com)下载。另外，本书还融入了**党的二十大精神和课程思政内容**。

图书在版编目(CIP)数据

新一代信息技术基础 / 郑根让，李建辉，赵清艳主编.
—西安：西安电子科技大学出版社，2022.8(2023.9重印)
ISBN 978—7—5606—6538—2

Ⅰ.① 新… Ⅱ.① 郑… ②李… ③赵… Ⅲ. ① 电子计算进—高等职业教育—教材 Ⅳ. ① TP3

中国版本图书馆CIP数据核字(2022)第113672号

策　划　明政珠　姚　磊
责任编辑　雷鸿俊
出版发行　西安电子科技大学出版社(西安市太白南路2号)
电　话　(029)88202421 88201467　　　邮　编　710071
网　址　www.xduph.com　　　电子邮箱　xdupfxb001@163.com
经　销　新华书店
印刷单位　咸阳华盛印务有限责任公司
版　次　2022年8月第1版　　2023年9月第2次印刷
开　本　787毫米×1092毫米 1/16　　印　张　19.5
字　数　380千字
印　数　2001～5000册
定　价　59.00元
ISBN 978—7—5606—6538—2 / TP

XDUP 6840001—2
如有印装问题可调换

P 前 言
reface

信息技术是建设创新型国家、质量强国、网络强国、数字中国、智慧社会的基础支撑，是实现强国梦的强大驱动力。新一代信息技术基础以了解信息前沿技术，掌握信息实用技术、技能为目标，通过学习不断增强大学生的信息意识，提升其计算思维，促进其数字化创新与发展能力，使他们树立正确的信息社会价值观和责任感，从而为其职业发展、终身学习和服务社会奠定基础。

本书以课程思政为引领，以应用平台为支撑，以工作任务为驱动，介绍信息技术中最新和最实用的技术，以科学、规范的方式指导学生掌握知识并提高技能。本书主要体现了以下 5 个特点。

立德树人、德技并重：高校教育要切实落实立德树人这一根本任务，本书根据《高等学校课程思政建设指导纲要》精选与教学内容相关的思政元素，并通过精练的文字、精美的图片和精彩的视频将思政教育内容融入专业课程中，还为思政内容设计了思考题和讨论题。本书所有课程思政内容都以二维码的形式存在，便于及时更新思政知识点以及融入党的二十大精神。

知识前沿、技术领先：本书基础篇以 Windows 10 系统和 WPS Office 最新版本以及最新应用模块为基础组织内容，拓展篇选取大数据、区块链、人工智能、物联网、云计算等前沿新技术作为学习内容。本书拓展篇为学生提供了智能化学习支持，能对学生的习题作业进行知识评判、打分，并根据学生完成习题作业的情况为学生提供知识盲区提醒，为学生提出学习建议。

校企合作、多元开发：本书根据信息技术在企业、社会的应用需求，与企业合作，精心设计了情境化教学任务，按照"任务情境→任务分析→相关知识点→任务实施"的脉络将知识点、操作技能、职业素养融入任务实施过程中。本书设计符合企业工程师的工作逻辑，体现了岗位需求，强化了学生的职业技能培养。

严格对标、资源丰富：本书依据教育部《高等职业教育专科信息技术课程标准 (2021 年版)》和《高等学校课程思政建设指导纲要》开发，合作企业自主开发了应用操作平台，课程组开发了实时更新的动态资源库。本书还根据学生动手能力强的特点，每个单元设计了分梯度的操作习题，使学生不断拓展并提高信息技能。

本书基础篇包括第 1 ~ 5 单元，其中：第 1 单元为计算机基础知识，内容包括计算机结构、原理、发展史及 Windows 10 操作系统基本设置、文件夹及附件使用等；第 2 单元为 WPS 办公文档编辑，内容包括团委公文制作、个人简历制作、毕业综合设计排版、篮球社招新海报制作、团委工作牌制作等；第 3 单元为 WPS 数据表格处理，内容包括数据输入及存储、表格数据计算、表格数据分析、表格数据呈现等；第 4 单元为 WPS 演示文稿制作，内容包括用 WPS 演示文稿做团委工作总结汇报和用 WPS 演示文稿做项目展示等；第 5 单元为信息检索，内容包括信息检索实践和文献检索实践等。

本书拓展篇包括第 6 ~ 11 单元，其中：第 6 单元为信息安全，内容包括基于 MD5 哈希算法的实战、基于 RSA 加密的实战、基于 AES 加密的实战等；第 7 单元为大数据技术，内容包括大数据仪表盘实战、生成数据分析表、生成高考主题数据分析表等；第 8 单元为区块链，内容包括通过智能合约实现交易、通过智能合约解决纠纷、通过智能合约和资金交易区块解决纠纷、编写智能合约等；第 9 单元为人工智能，内容包括建立人脸特征库、人脸识别、黑暗之眼功能设置、人脸对比等；第 10 单元为物联网，内容包括创建家庭和智能设备、控制我的智能家居、分享家庭和智能家居等；第 11 单元为云计算，内容包括创建云手机和下载应用、云手机图片传输、云手机云盘共享等。

本书是新形态、立体化教材，每个单元的任务实施可通过扫描二维码来观看详细的操作过程。课程组开发了与本书配套的网络课程资源库（在学银在线搜"新一代信息技术基础"或"郑根让"获取在线资源），资源库提供了在线开放课程及丰富的教学视频、教学文档、教学 PPT、教案及习题作业等。通过网络课程可以进行学习交流、互动、答疑等，在网络课程上可以对习题作业进行自主评判，以提高学习效率。本书还开发设计了基于岗位任务的习题作业，同时提供了 WPS 考证题库以及计算机应用基础竞赛题目，实现了"岗、课、赛、证"一体化。

编　者

2022 年 5 月

C目 录
ontents

基 础 篇

第 1 单元   计算机基础知识

任务 1.1   认识计算机 2

任务 1.2   了解计算机的发展历史、特点及原理 9

任务 1.3   Windows 设置及附件 18

任务 1.4   文件和文件夹的基本操作 26

第 2 单元   WPS 办公文档编辑

任务 2.1   公文制作 31

任务 2.2   个人简历制作 49

任务 2.3   毕业综合设计排版 59

任务 2.4   篮球社招新海报制作 73

任务 2.5   工作牌制作 83

第 3 单元   WPS 数据表格处理

任务 3.1   数据输入及存储 91

任务 3.2   表格数据计算 109

任务 3.3   表格数据分析 120

任务 3.4   表格数据呈现 140

第 4 单元　WPS 演示文稿制作

任务 4.1　用 WPS 演示文稿做工作总结汇报 155

任务 4.2　用 WPS 演示文稿做项目展示 176

第 5 单元　信息检索

任务 5.1　信息检索实践 195

任务 5.2　文献检索实践 201

拓 展 篇

第 6 单元　信息安全

任务 6.1　基于 MD5 哈希算法的实战 212

任务 6.2　基于 RSA 加密的实战 222

任务 6.3　基于 AES 加密的实战 229

第 7 单元　大数据技术

任务 7.1　大数据仪表盘实战 236

任务 7.2　生成数据分析表 241

任务 7.3　生成高考主题数据分析表 244

第 8 单元　区块链

任务 8.1　通过智能合约实现交易 249

任务 8.2　通过智能合约解决纠纷 256

任务 8.3　通过智能合约和资金交易区块解决纠纷 257

任务 8.4　编写智能合约 259

第 9 单元　人工智能

任务 9.1　建立人脸特征库 265

任务 9.2　人脸识别 267

任务 9.3　黑暗之眼功能设置 268

任务 9.4　人脸对比 272

第 10 单元　物联网

任务 10.1　创建家庭和智能设备 281

任务 10.2　控制我的智能家居 285

任务 10.3　分享家庭和智能家居 289

第 11 单元　云计算

任务 11.1　创建云手机和下载应用 297

任务 11.2　云手机图片传输 300

任务 11.3　云手机云盘共享 301

参考文献 303

基 础 篇

第1单元　计算机基础知识

中国第一台电子计算机

　　20世纪50年代中期，数学家华罗庚提出我国要自主研究计算机。新中国成立之初，在国内基础研究条件极其简陋的情况下，科研人员克服困难，于1958年8月自主研究成功第一台计算机。从此，我国计算机人不忘初心、筚路蓝缕，不断缩小我国计算机发展水平与发达国家计算机发展水平之间的差距。到2020年，我国超级计算机已处于国际领先地位。请观看视频"中国第一台电子计算机"。

中国第一台
电子计算机

任务1.1　认识计算机

任务情境

　　小刘是刚到团委任职的新成员，团委给他配了一台新电脑，他很开心，同时领导叮嘱他可能要加装一些应用软件，让他查一下电脑是什么配置，是64位还是32位，内存有多大，有没有移动网卡。小刘有点懵，他没有马上回复领导，但他觉得确实应该对自己使用的电脑有所了解，但他不知道应从哪里入手。

任务分析

　　个人计算机（俗称电脑）是我们现代生活和工作的必需品，每一位使用者都应该对电脑的软硬件配置有所了解。同时，也应该对电脑的基本原理、发展历史等有所了解和掌握。其实，每一种电子产品都有其配置和使用说明，我们可以通过"我的电脑"属性了解自己电脑的配置。

相关知识点

1. 计算机硬件系统

计算机的硬件系统又分为主机和外部设备（简称外设）两部分。主机主要包括CPU和主存储器（内存），外设包括计算机的外部存储设备（外存储器）、输入设备、输出设备及其他（如网络）设备等。计算机硬件系统如图1.1.1所示，下面主要介绍硬件系统的核心部件。

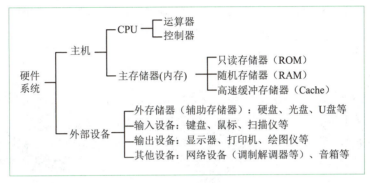

◆ 图1.1.1 计算机硬件系统

1) 主板

主板也称为母板，是计算机内一块大的集成电路板，如图1.1.2所示。它是整个计算机的组织核心，用来承载和连接各种电脑设备。因此，主板相当于整个计算机硬件的"骨骼"。主板上包含电源接口、处理器接口、硬盘接口及内存插槽、显卡插槽、网卡插槽等各种插槽和总线。

◆ 图1.1.2 计算机主板

2) CPU

CPU即中央处理器，它是一块超大规模的集成电路，是计算机的运算和控制核心，相当于整个计算机系统的"心脏"，如图 1.1.3 所示。CPU 主要包括运算器和控制器两大部件，此外还包括若干寄存器及实现它们之间联系的数据总线、控制总线及状态总线。其功能主要是解释计算机指令以及处理计算机软件中的数据。CPU 的性能直接影响着计算机的运行速度。

3) 内存储器

内存储器简称内存或内存条，也称主存储器，是计算机中重要的记忆部件，用于暂时存放 CPU 中的运算数据以及与硬盘等外部存储器交换的数据，如图 1.1.4 所示。它是外部存储器与 CPU 进行沟通的桥梁。内存的性能决定计算机整体运行快慢的程度。

◆ 图1.1.3　计算机CPU　　　　　　　　　◆ 图1.1.4　计算机内存

4) 硬盘

硬盘是计算机最主要的外部存储设备之一，计算机能够正常运行所需的大部分软件都存储在硬盘上。从存储数据的介质来区分，硬盘可分为机械硬盘 (Hard Disk Drive，HDD) 和固态硬盘 (Solid State Disk，SSD)，如图 1.1.5 所示。机械硬盘主要由磁盘盘片、磁头、主轴、传动轴等组成，数据就存放在磁盘盘片中。固态硬盘不再采用盘片来存储数据，而采用存储芯片进行数据存储。

(a) 机械硬盘　　　　　　　　　　　　　(b) 固态硬盘

◆ 图1.1.5　计算机硬盘

5) 显卡

　　显卡的全称是显示接口卡或显示适配器，其主要功能是将主机所需显示的信息进行驱动转换，然后控制显示器输出显示图形。显卡主要由显卡主板、显示芯片、显示存储器、散热器(散热片或风扇)等组成，如图1.1.6所示。一般用户使用集成在主板上的显卡即可，对显示质量要求较高的用户(如专业计算机图形设计人员、游戏玩家等)可以选择质量较好的独立显卡。

◆ 图1.1.6　计算机显卡

6) 网卡

　　网卡的全称是网络接口卡或网络适配器，它一方面负责接收网络上传递的数据包，解包后将数据通过主板上的总线传输给本地计算机，另一方面将本地计算机上的数据打包后送入网络。根据网卡所支持的计算机种类，网卡可分为标准以太网卡和个人电脑存储卡国际协会(Personal Computer Memory Card International Association，PCMCIA)网卡；根据网卡支持的传输速率，网卡可分为10 Mb/s网卡、100 Mb/s网卡、10/100 Mb/s自适应网卡和1000 Mb/s网卡四类；根据网卡所支持的总线类型，网卡可分为工业标准结构(Industry Standard Architecture，ISA)、扩展工业标准结构(Extended Industry Standard Architecture，EISA)、可编程通信接口(Programmable Communication Interface，PCI)等网卡。计算机网卡如图1.1.7所示。

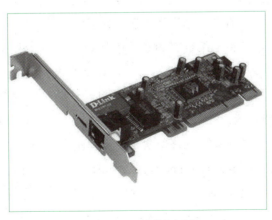

◆ 图1.1.7　计算机网卡

7) 主要输入输出设备

　　显示器是计算机所必备的输出设备，用来显示计算机的输出信息。键盘和鼠标都是常用的计算机输入设备。

2. 计算机软件系统

如果说硬件系统相当于计算机的"骨骼"，那么软件系统就相当于是计算机的"灵魂"，若计算机只有骨骼没有灵魂，则它是不能正常工作的。计算机的软件系统又分为系统软件和应用软件两大类。

1) 系统软件

系统软件是计算机硬件和用户之间的接口，它的主要功能是控制、协调和调度计算机系统及各种外部设备，管理计算机系统中各种独立的硬件，使得它们可以协调工作，并支持应用软件的开发和运行。系统软件包括操作系统、程序设计语言、语言处理程序、数据库管理软件等。

(1) 操作系统 (Operating System，OS) 是管理计算机硬件与软件资源的计算机程序。管理与配置内存、决定系统资源供需的优先次序、控制输入设备与输出设备、操作网络、管理文件系统等基本事务都是由操作系统来处理的。操作系统也提供一个用户与系统交互的操作界面。早期个人计算机上使用的操作系统叫磁盘操作系统 (Disk Operating System，DOS)，它是一类以命令符操作为主的单用户单任务的操作系统。目前大多数个人计算机用户使用的是图形界面 Windows 系列操作系统。人们在智能手机和平板电脑中应用较多的有华为的鸿蒙操作系统、安卓 (Android) 操作系统、苹果公司的移动操作系统 (iOS)。常用的操作系统还有 Linux 操作系统、UNIX 操作系统等。

(2) 程序设计语言是一组用来定义计算机程序的语法规则。它是一种被标准化的交流技巧，用来向计算机发出指令。一种计算机语言让程序员能够准确地定义计算机所需要使用的数据，并精确地定义在不同情况下所应当采取的行动。

(3) 语言处理程序就是将汇编语言和高级语言处理成机器语言的程序。程序设计语言共有三种：一是机器语言，二是汇编语言，三是高级语言。机器语言是用 0 和 1 的指令写的，是唯一一种计算机能直接运行的语言，其他语言都要通过语言处理程序还原成机器语言，计算机才能执行。把汇编语言处理成机器语言的程序被称为汇编程序，把高级语言处理成机器语言的程序被称为高级语言翻译程序。

(4) 数据库管理软件 (Database Management Software，DBMS) 是一种负责数据库的定义、建立、操作、管理和维护的软件系统。它对数据库进行统一的管理和控制，以保证数据库的安全性和完整性。用户通过 DBMS 访问数据库中的数据，数据库管理员也通过 DBMS 进行数据库的维护工作。

2) 应用软件

为解决用户的各类实际问题而设计的程序系统称为应用软件，如国产办公软件

WPS、图形图像处理软件 Photoshop 等。

✖ 任务实施

1. 通过"此电脑"属性查看个人电脑配置信息

1）查看个人电脑基本信息

选中此电脑█，右击选择"属性"即可看到个人电脑的配置信息。

设备规格主要为硬件配置，其中"设备名称"即为本电脑的电脑名，可单击"重命名这台电脑"为电脑重命名。"处理器"即为 CPU 的规格，"已安装的内存"即为内存储器，"系统类型"即为处理器的字长 (64 位或 32 位)。

Windows 版本是操作系统的配置，"版本"是指当前电脑安装的操作系统版本，还包括版本号、安装日期、操作系统内部版本等信息。

2）查看硬件及驱动信息

如果要查询硬盘、鼠标、键盘、网卡、声卡等配置及驱动信息，则可在"相关设置"中单击"设备管理器"查看。

2. 通过"运行"查看个人电脑配置信息

1）通过系统自带的 DirectX 查看电脑配置信息

DirectX 是 Windows 操作系统自带的诊断工具，可通过它查看系统配置及软硬件基本信息、驱动及运行情况。

按"Win＋R"组合键打开运行窗口→输入"dxdiag"→单击"确定"按钮即可打开 DirectX 诊断工具窗口，可看到系统的基本配置信息，可通过"下一页"查看显卡、显示设备、声卡、鼠标、键盘等硬件的规格、驱动及运行状态。

2）通过命令行查看电脑配置信息

按住"Win＋R"组合键打开运行窗口→输入"cmd"→单击"确定"按钮→在命令行输入"systeminfo"→回车→等待加载完成即可查看电脑配置。

3. 通过"任务管理器"查看个人电脑配置及运行状况

将光标移至电脑屏幕底部→右击→单击"任务管理器"→选择"性能"选项卡即可查看 CPU、内存、硬盘、WiFi 等基本信息及运行状况。此外，还可选择"进程"查看电脑当前正在运行的应用程序及后台进程，选择"启动"可查看电脑开机时自动启动的程序等。

一、填空题

1. 主板也称为_____，它是计算机内一块大的_____，是整个计算机的组织核心，用来承载和连接各种电脑设备。

2. 在计算机中_____是它的运算和控制核心，相当于整个计算机系统的"心脏"，其性能直接影响着计算机的运行速度。

3. 中央处理器即_____，其主要功能是_____以及_____。

4. 计算机硬盘可分为机械硬盘 (Hard Disk Drive，HDD) 和_____。

5. 网络适配器俗称_____，它负责接收网络上传递的数据包，解包后将数据通过主板上的总线传输给本地计算机，同时将本地计算机上的数据打包后送入网络。

6. 计算机的_____是管理计算机硬件与软件资源的计算机程序。

二、判断题

1. 硬盘就是计算机的内存。(   )

2. 计算机的内存越大，计算机运行速度越快。(   )

3. 显卡的全称是显示接口卡或显示适配器，其主要功能是将主机所需显示的信息进行驱动转换，然后控制显示器输出显示图形。(   )

4. 计算机的软件系统又分为系统软件和应用软件两大类。(   )

三、操作题

1. 请通过查询你所使用的计算机的基本信息，填写你所使用的计算机的信息。

计算机名是_____，工作组是_____，

操作系统是_____，处理器是_____，

主频是_____，内存大小为_____。

2. 办公室需要购置办公电脑两台，主要用于办公文字处理等，要求购置配件组装成电脑，每台费用为 3500～4500 元，请为办公室电脑购置制订计划 (列出所需配件、配件品牌及价格)。

任务 1.2　了解计算机的发展历史、特点及原理

任务情境

小刘在工作中收到以下的任务：请收集大一团员的证件照片，要求照片是 jpg 格式，大于 10 KB，不超过 2 MB，像素大于等于 295 × 413。这虽然是一个简单的任务，但小刘觉得自己还需要学习计算机基础知识，否则在信息社会连基本的概念都不熟悉，就会成为信息社会的"文盲"。

任务分析

在信息社会，计算机是学习、工作和生活的必需品，要熟练、有效使用计算机还需要了解计算机的相关概念、原理、发展历史等。计算机内部使用二进制进行运算，想要了解二进制、八进制、十六进制数，就要学习掌握数制间转换的原理及方法。

相关知识点

1. 计算机的发展历史

1946 年 2 月，世界上第一台电子数字计算机 ENIAC（如图 1.2.1 所示）在美国宾夕法尼亚大学问世，它是基于当时美国军方在二战中用于计算弹道轨迹的需要而研制的。它采用的元器件是电子管，用了约 18 000 个电子管，占地面积约 170 m²，重量约为 30 t，耗电功率约 150 kW，每秒可进行 5000 次运算。尽管它是一台又大又笨重的机器，但是在计算机发展史上具有里程碑式的意义。以电子管为基本电子元器件的计算机称为第一代计算机，其使用机器语言和汇编语言，主要应用于国防和科学计算，运算速度每秒几千次至几万次。

晶体管的发明大大促进了计算机的发展。1958 年，以晶体管为主要器件的计算机诞生了，它属于第二代电子计算机，它的体积大大减小，只要几个大一点的柜子就可将它容下，它的重量大大减轻，可靠性和运算速度也大大提高了，运算速度达到每秒几万次至几十万次。这个时期，软件上出现了操作系统和算法语言。

◆ 图1.2.1　世界上第一台电子数字计算机ENIAC

1965 年，中小规模集成电路计算机出现了。第三代计算机普遍采用集成电路，这使得计算机的体积更小，重量更轻，成本也大大降低，运算速度有了更大的提高，每秒达几十万次至几百万次。这个时期的计算机存储容量增加了，系统的处理能力增强了，同时出现了分时操作系统和结构化程序设计语言。美国 IBM 公司研制的 IBM360 系统是当时第一个采用集成电路的通用电子计算机系统。

1971 年，采用大规模集成电路和超大规模集成电路制成的"克雷一号"属于计算机的第四代。一直以来，计算机不断向着小型化、微型化、低功耗、智能化、系统化的方向更新换代。到了 20 世纪 90 年代，计算机向智能方向发展，可以进行思考、学习、记忆、网络通信等。

2. 计算机的工作原理

计算机的基本原理是程序存储和程序控制。程序存储和程序控制原理是 1946 年由美籍匈牙利数学家冯·诺依曼提出的，所以又称为冯·诺依曼原理。该原理确立了现代计算机的基本组成和工作方式，直到现在，计算机的设计与制造依然沿用冯·诺依曼体系结构，其基本内容如下。

(1) 采用二进制形式表示数据和指令。

(2) 将程序 (数据和指令序列) 预先存放在主存储器中 (程序存储)，使计算机在工作时能够自动高速地从存储器中取出指令，并加以执行 (程序控制)。

(3) 由运算器、控制器、存储器、输入设备和输出设备五大基本部件组成计算机硬件体系结构。

计算机的工作原理如图 1.2.2 所示，从图中可看出：

(1) 将程序和数据通过输入设备送入存储器。

(2) 启动运行后，计算机从存储器中取出程序指令送到控制器中进行识别，分析该指令要做什么。

(3) 控制器根据指令的含义发出相应的命令 (如加法、减法)，将存储单元中存放的操作数据取出，送往运算器进行运算，再把运算结果送回存储器指定的单元。

(4) 运算任务完成后，就可以根据指令将结果通过输出设备输出。

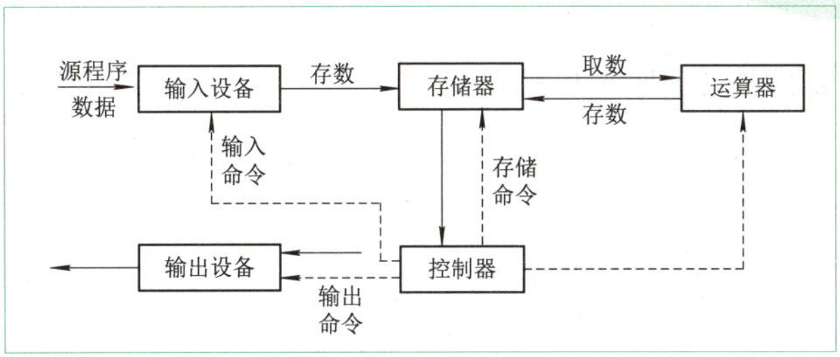

◆ 图1.2.2　计算机的工作原理

3. 常用的计算机术语

(1) 数据。数据是指可由计算机进行处理的对象，如数字、字母、符号、文字、图形、声音、图像等。在计算机中数据是以二进制的形式进行存储和运算的，它共有三种计量单位：位、字节和字。

(2) 位 (bit)。计算机中数据的最小单位为二进制的 1 位，由 0 或 1 来表示。

(3) 字节 (byte)。通常将 8 位二进制数编为一组，称为一个字节。从键盘上输入的每个数字、字母、符号的编码用一个字节来存储。一个汉字的机内编码由两个字节来存储。

(4) 存储容量。存储容量是指计算机存储信息的容量，它的计算单位是 B、KB、MB、GB、TB、PB 等。其换算公式如下：

$$1 \text{ KB} = 2^{10} \text{ B} = 1024 \text{ B}$$

$$1 \text{ MB} = 2^{20} \text{ B} = 1024 \text{ KB}$$

$$1 \text{ GB} = 2^{30} \text{ B} = 1024 \text{ MB}$$

$$1 \text{ TB} = 2^{40} \text{ B} = 1024 \text{ GB}$$

$$1 \text{ PB} = 2^{50} \text{ B} = 1024 \text{ TB}$$

4. 计算机中的数制转换

数制也称计数制，是指用一组固定的符号和统一的规则来表示数值的方法。计算机是信息处理的工具，任何信息都必须转换成二进制形式数据后才能由计算机进行处理、存储和传输。常用的数制有十进制、二进制、八进制和十六进制，另外时间单位的分秒采用六十进制，小时采用二十四进制。

在计算机的数制中，要掌握 3 个概念，即数码、基数和位权。数码是指一个数制中表示基本数值大小的不同数字符号，如八进制有 8 个数码：0，1，2，3，4，5，6，7。基数是指一个数值所使用数码的个数，如八进制的基数为 8，二进制的基数为 2。处在不同位置上的相同数字所代表的值不同，一个数字在某个位置上所表示的实际数值等于该数值与这个位置的因子的乘积，而该位置的因子由所在位置相对于小数点的距离来确定，简称为位权。例如，八进制的 123，其中 1 的位权是 $8^2 = 64$，2 的位权是 $8^1 = 8$，3 的位权是 $8^0 = 1$。同时数制有如下 3 个特点：

第一，数制的基数确定了所采用的进位计数制。对于 N 进制数制，有 N 个数字符号。例如，十进制中有 10 个数字符号，即 $0 \sim 9$；二进制中有 2 个符号，即 0 和 1；八进制中有 8 个符号，即 $0 \sim 7$；十六进制中有 16 个符号，即 $0 \sim 9$ 和 $A \sim F$。

第二，逢 N 进一。例如，十进制中逢十进一，八进制中逢八进一，二进制中逢二进一，十六进制中逢十六进一。

第三，采用位权表示方法。位权与基数的关系是：位权的值恰是基数的整数次幂。例如，十进制的单位值为 10^0，10^1，10^2，10^3 等；二进制的单位值为 2^0，2^1，2^2，2^3 等。

一般用"$(\ )_{角标}$"来表示不同进制的数。例如，十进制数用 $(\ )_{10}$ 表示，二进制数用 $(\ )_2$ 表示等。在程序设计中，为了区分不同进制，常在数字后加一个英文字母后缀。十进制数在数字后面加字母 D 或不加字母也可以，如 6659D 或 6659；二进制数在数字后面加字母 B，如 1101101B；八进制数在数字后面加字母 O，如 1275O；十六进制数在数字后面加字母 H，如 CFE7BH。在了解了数制的数码、基数、位权 3 个概念后，下面逐一介绍常用的几种数制。

1) 十进制

十进制 (decimal notation) 有 0，1，2，3，4，5，6，7，8，9 共 10 个数码；基数为 10；加法运算时逢十进一，减法运算时借一当十。对于任意一个由 n 位整数和 m 位小数组成的十进制数 D，均可按权展开为

$$D = D_{n-1} \times 10^{n-1} + D_{n-2} \times 10^{n-2} + \cdots + D_1 \times 10^1 + D_0 \times 10^0 + D_{-1} \times 10^{-1} + \cdots + D_{-m} \times 10^{-m}$$

2) 二进制

二进制 (binary notation) 有 0 和 1 两个数码；基数为 2；加法运算时逢二进一，减法运算时借一当二。对于由任意一个 n 位整数和 m 位小数组成的二进制数 B，均可按权展开为

$$B = B_{n-1} \times 2^{n-1} + B_{n-2} \times 2^{n-2} + \cdots + B_1 \times 2^1 + B_0 \times 2^0 + B_{-1} \times 2^{-1} + \cdots + B_{-m} \times 2^{-m}$$

二进制并不符合人们的习惯，但是计算机内部却采用二进制表示信息，其主要原因如下。

第一，电路简单。在计算机中，若采用十进制，则要求处理 10 种电路状态，相对于两种状态的电路来说，是很复杂的。而采用二进制表示，其逻辑电路只有"通""断"两个状态。

第二，工作可靠。在计算机中，用两个状态代表两个数据，数字传输和处理方便、简单，不容易出错，因而电路更加可靠。

第三，简化运算。在计算机中，二进制运算法则很简单。例如，相加减的速度快，求积规则和求和规则均只有 3 个。

第四，逻辑性强。二进制只有两个数码，具有很强的逻辑性，正好代表逻辑代数中的"真"与"假"，而计算机的工作原理正是建立在逻辑运算基础上的。

3）八进制

八进制有 0，1，2，3，4，5，6，7 共 8 个数码；基数为 8；加法运算时逢八进一，减法运算时借一当八。对于任意一个由 n 位整数和 m 位小数组成的八进制数 O，均可按权展开为

$$O = O_{n-1} \times 8^{n-1} + O_{n-2} \times 8^{n-2} + \cdots + O_1 \times 8^1 + O_0 \times 8^0 + O_{-1} \times 8^{-1} + \cdots + O_{-m} \times 8^{-m}$$

4）十六进制

十六进制有 0，1，2，3，4，5，6，7，8，9，A，B，C，D，E，F 共 16 个数码；基数为 16；加法运算时逢十六进一，减法运算时借一当十六。对于任意一个由 n 位整数和 m 位小数组成的十六进制数 H，均可按权展开为

$$H = H_{n-1} \times 16^{n-1} + H_{n-2} \times 16^{n-2} + \cdots + H_1 \times 16^1 + H_0 \times 16^0 + H_{-1} \times 16^{-1} + \cdots + H_{-m} \times 16^{-m}$$

在 16 个数码中，A、B、C、D、E 和 F 这 6 个数码分别代表十进制的 10、11、12、13、14 和 15，这是国际上通用的表示法。

在上述介绍的基础上，将这几种常用数制的数码、基数（位权）、进制转换特点和通用公式总结于表 1-1 中。

表1-1 常用数制的数码、基数(位权)、进制转换特点和通用公式

进制	数 码	基数	特 点	按位权展开公式
十进制	0,1,2,3,4,5,6,7,8,9	10	逢十进一	$D_{n-1} \times 10^{n-1} + D_{n-2} \times 10^{n-2} + \cdots + D_1 \times 10^1 + D_0 \times 10^0 + D_{-1} \times 10^{-1} + \cdots + D_{-m} \times 10^{-m}$
二进制	0,1	2	逢二进一	$B_{n-1} \times 2^{n-1} + B_{n-2} \times 2^{n-2} + \cdots + B_1 \times 2^1 + B_0 \times 2^0 + B_{-1} \times 2^{-1} + \cdots + B_{-m} \times 2^{-m}$
八进制	0,1,2,3,4,5,6,7	8	逢八进一	$O_{n-1} \times 8^{n-1} + O_{n-2} \times 8^{n-2} + \cdots + O_1 \times 8^1 + O_0 \times 8^0 + O_{-1} \times 8^{-1} + \cdots + O_{-m} \times 8^{-m}$
十六进制	0,1,2,3,4,5,6,7,8,9,A,B,C,D,E,F	16	逢十六进一	$H_{n-1} \times 16^{n-1} + H_{n-2} \times 16^{n-2} + \cdots + H_1 \times 16^1 + H_0 \times 16^0 + H_{-1} \times 16^{-1} + \cdots + H_{-m} \times 16^{-m}$

✖ **任务实施**

1. 计算机中的数制转换（手工）

1）十进制数转换为二进制、八进制、十六进制数

十进制数转换为二进制、八进制、十六进制数具有相同规律，且均分为整数部分和

小数部分的转换。

(1) 整数部分的转换。整数部分的转换采用"除以基数,倒序取余法"。其转换原则是:将要转换的数除以基数 (2、8 或 16) 得到商和余数,将商继续除以 2,直到商为 0。最后将所有余数倒序排列,得到的数就是转换结果。这种方法又称为"倒序取余法"。

【例 1-1】将 $(213)_{10}$ 转换成二进制数。

解 计算过程如下所示:

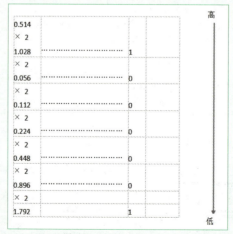

计算结果为: $(213)_{10} = (11010101)_2$。

(2) 小数部分的转换。小数部分的转换采用"乘基数取整法"。其转换原则是:将要转换的十进制数的小数乘以基数 (2、8 或 16),取出乘积中的整数部分,余下的小数部分继续乘以基数,又得到一个积,再将积的整数部分取出,如此进行,直到积中的小数部分为零,或者达到所要求的精度为止。这种方法又称为"顺序取整法"。

对于既有整数又有小数部分的十进制数,可将其整数和小数分别转换成相应进制数,然后再把两者连接起来即可。

【例 1-2】将十进制数 $(0.514)_{10}$ 转换成相应的二进制数。

解 计算过程如下所示:

```
0.514
×  2
─────
1.028 ········· 1        高
×  2
─────
0.056 ········· 0
×  2
─────
0.112 ········· 0
×  2
─────
0.224 ········· 0
×  2
─────
0.448 ········· 0
×  2
─────
0.896 ········· 0
×  2
─────
1.792          1        低
```

计算结果为: $(0.514)_{10} = (0.100\,000\,1)_2$。

2) 二进制、八进制、十六进制数转换为十进制数

二进制、八进制、十六进制数转换为十进制数采用"按权展开并相加法"。将二进制数转换成十进制数是以 2 为基数按权展开并相加；将八进制数转换成十进制数则是以 8 为基数按权展开并相加；将十六进制数转换为十进制数则是以 16 为基数按权展开并相加。

【例 1-3】 将 $(1101.101)_2$ 转换成十进制数。

解　$(1101.101)_2 = 1 \times 2^3 + 1 \times 2^2 + 0 \times 2^1 + 1 \times 2^0 + 1 \times 2^{-1} + 0 \times 2^{-2} + 1 \times 2^{-3}$
$$= 8 + 4 + 1 + 0.5 + 0.125$$
$$= (13.625)_{10}$$

【例 1-4】 把 $(725)_8$ 转换成十进制数。

解　$(725)_8 = 7 \times 8^2 + 2 \times 8^1 + 5 \times 8^0$
$$= 448 + 16 + 5$$
$$= (469)_{10}$$

【例 1-5】 将 $(1AC.8)_{16}$ 转换成十进制数。

解　$(1AC.8)_{16} = 1 \times 16^2 + A \times 16^1 + C \times 16^0 + 8 \times 16^{-1}$
$$= 256 + 160 + 12 + 0.5$$
$$= (428.5)_{10}$$

3) 八进制、十六进制数与二进制数之间的转换

(1) 八进制数转换成二进制数。八进制数转换成二进制数所使用的转换原则是"一位拆三位"，即把一位八进制数对应于三位二进制数，然后按顺序连接即可。

【例 1-6】 将 $(36.14)_8$ 转换为二进制数。

解　计算过程如下所示：

3 ……………………………… 011
6 ……………………………… 110
. ……………………………… .
1 ……………………………… 001
4 ……………………………… 100

结果为：$(36.14)_8 = (11110.001100)_2$。

(2) 二进制数转换成八进制数。二进制数转换成八进制数可概括为"三位并一位"，即从小数点开始向左、右两边以每三位为一组，不足三位时补 0，然后每组改成等值的一位八进制数即可。

【例 1-7】 将 $(101110011.11001)_2$ 转换成八进制数。

解 计算过程如下所示：

101	·································	5
110	·································	6
011	·································	3
.	·································	.
110	·································	6
010	·································	2

结果为：$(101110011.11001)_2 = (563.62)_8$。

(3) 二进制数转换成十六进制数。二进制数转换成十六进制数的转换原则是"四位并一位"，即以小数点为界，整数部分从右向左每四位为一组，若最后一组不足四位，则在最高位前面添 0 补足四位，然后从左边第一组起，将每组中的二进制数按权数相加得到对应的十六进制数，并依次写出即可；小数部分从左向右每四位为一组，最后一组不足四位时，尾部用 0 补足四位，然后按顺序写出每组二进制数对应的十六进制数。

【例 1-8】 将 $(101100.0001101)_2$ 转换成十六进制数。

解 计算过程如下所示：

0010	·································	2
1100	·································	C
.	·································	.
0001	·································	1
1010	·································	A

结果为：$(101100.0001101)_2 = (2C.1A)_{16}$。

(4) 十六进制数转换成二进制数。十六进制数转换成二进制数的转换原则是"一位拆四位"，即把一位十六进制数写成对应的四位二进制数，然后按顺序连接即可。

【例 1-9】 将 $(C1.B7)_{16}$ 转换成二进制数。

解 计算过程如下所示：

C	·································	1100
1	·································	0001
.	·································	.
B	·································	1011
7	·································	0111

结果为：$(C1.B7)_{16} = (11000001.10110111)_2$。

2. 使用计算器进行数制转换

1) 十进制数转换为二进制数

Windows 系统自带了计算器工具，利用计算器工具可以进行二进制、八进制、十进制、十六进制间的转换。Windows 计算器工具界面如图 1.2.3 所示。

单击【开始】→【附件】→【计算器】→【查看】→【程序员】，打开如图 1.2.3 所示的计算器窗口→选中【十进制】单选按钮→输入十进制数→单击选中【二进制】按钮，则十进制数转换为二进制数。

◆ 图1.2.3 计算器工具界面

2) 二进制数转换为十进制数

选中【二进制】单选按钮→输入二进制数→单击选中【十进制】按钮，则二进制数转换为十进制数。

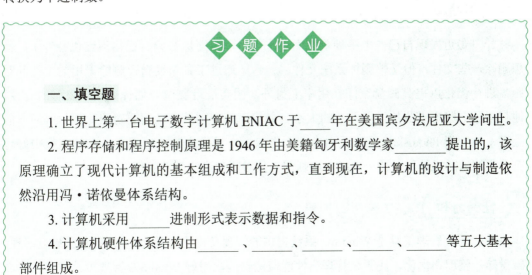

习 题 作 业

一、填空题

1. 世界上第一台电子数字计算机 ENIAC 于_____年在美国宾夕法尼亚大学问世。

2. 程序存储和程序控制原理是 1946 年由美籍匈牙利数学家_____提出的，该原理确立了现代计算机的基本组成和工作方式，直到现在，计算机的设计与制造依然沿用冯·诺依曼体系结构。

3. 计算机采用_____进制形式表示数据和指令。

4. 计算机硬件体系结构由_____、_____、_____、_____、_____等五大基本部件组成。

5. 通常将＿＿＿＿＿位二进制数编为一组，称为一个字节。

二、名词解释

1. 数据

2. 字节

3. 位

4. 存储容量

三、操作题

计算：

$(45)_{10} = ($　　　　$)_2$

$(1923)_{10} = ($　　　　$)_2$

$(110)_2 = ($　　　　$)_{10}$

$(10110)_2 = ($　　　　$)_{10}$

$(36)_{10} = ($　　　　$)_{16}$

$(2031)_{10} = ($　　　　$)_{16}$

$(41)_{16} = ($　　　　$)_2$

$(1AE2)_{16} = ($　　　　$)_2$

任务 1.3　Windows 设置及附件

任务情境

小刘最近发现自己的电脑硬盘空间越来越小，特别是 C 盘，已出现红色警告了，他想删除一些文件，但又怕删掉系统文件，他希望通过工具帮助自己删除无用的文件并对磁盘进行优化以提高磁盘空间使用率；另外，团委最近要做一期优秀团员表彰的专栏，他收集了一些电子照片，但照片的大小、分辨率等差别较大，需要对照片做一些简单的处理，他觉得 Photoshop 等工具太专业，电脑上也没有安装，他想起了电脑系统中好像有自带的画图工具，想试一下能否用画图工具对照片进行简单处理。

任务分析

Windows 管理工具是 Windows 系统提供的管理及优化工具，主要功能包括磁盘清理、磁盘碎片整理和优化、注册表管理、性能监测器等，用好 Windows 管理工具能有效提高电脑使用效率。此外，Windows 系统附件自带了画图、记事本、计算器、写字板、远程桌面连接、截图工具等，充分利用这些系统自带工具能为我们的学习工作带来极大的方便。

相关知识点

1. 磁盘清理及碎片整理

如果电脑的磁盘可用空间不足，则电脑性能可能会受到影响。系统清理磁盘和整理磁盘碎片是减少系统垃圾、加快运行的有效方法。Windows 系统的磁盘清理功能能有效清理系统更新包以及其他无用文件，释放更多磁盘空间。

磁盘碎片整理和优化功能则能重新安排磁盘上文件的位置，以加快访问程序的速度，磁盘碎片整理程序可以优化程序的加载和运行速度，以提高磁盘的读写速度和存储速度，延长磁盘的使用寿命。

2. Windows 账户及密码

Windows 允许创建多个用户并设置不同的密码。本地账户分为 Administrator 账户和 Guest 账户。Administrator 账户具有对计算机的完全控制权限，并可以根据需要向用户分配用户权利和访问控制权限。Guest 账户由在这台计算机上没有实际账户的人使用。默认情况下，Guest 账户是禁用的。

系统默认的用户名是 Administrator，没有默认密码。在工作环境中，为了保证用户使用电脑安全，一定要为电脑设置密码，并设置自动锁定设备功能。如果你要离开设备几分钟，则系统会自动锁定，以免他人看到屏幕上的内容，或访问设备上的任何内容。

3. Windows 防火墙

防火墙是一种协助确保信息安全的设施，会依照特定的规则，允许或限制传输的数据通过。防火墙可以是一台专属的硬件，也可以是架设在一般硬件上的一套软件。总而言之，防火墙就是帮助计算机网络于其内、外网之间构建一道相对隔绝的保护屏障。Windows 防火墙顾名思义就是在 Windows 操作系统中系统自带的软件防火墙。

对于只使用浏览、电子邮件等系统自带的网络应用程序，Windows 防火墙根本不会产生影响。也就是说，用 Internet Explorer、Outlook Express 等系统自带的程序进行网络连接时，防火墙是默认不干预的。

4. Windows 安全中心的病毒和威胁防护

使用 Windows 安全中心的病毒和威胁防护可扫描设备上的威胁，还可以运行不同类型的扫描，查看之前病毒和威胁扫描的结果，并获取防病毒程序提供 Microsoft Defender 保护。即使 Windows 安全中心处于打开状态并自动扫描你的设备，你仍然可以在需要时执行其他扫描。

　　用户选择"快速扫描"可立即检查设备是否有任何最新威胁，在不希望花时间对所有文件和文件夹运行完全扫描时，此选项很有用。如果 Windows 安全中心提醒运行其他类型的扫描，则将在快速扫描结束后收到提醒。用户可进行完全扫描，即扫描设备上每个文件和程序。自定义扫描，即仅扫描你选择的文件和文件夹。

　　另外，用户还可以选择 Microsoft Defender 脱机扫描。当担心设备已受到恶意软件或病毒的攻击时，或者如果想要扫描设备而不连接到 Internet 时，那么请运行 Microsoft Defender 脱机扫描。这将重启设备，所以请保存你可能需要打开的文件。

5. 画图工具

　　"画图"是 Windows 系统附属的一个绘图软件。它能够建立黑白和彩色图像，可以绘制图形、输入文字以及处理以图形为主的文件，可打开 .bmp、.jpg、.pcx、.msp 等格式的图像文件。

　　(1) 任意形状裁剪工具◌和矩形裁剪工具▢：任意形状裁剪工具可以按用户的需要裁剪出任意一种形状的图形，矩形裁剪工具只能选取一个矩形区域的图形。

　　(2) 橡皮工具▱：用于擦除图中不需要的部分，填充的是背景色。

　　(3) 填充工具▱：可将选定的前景色填入一封闭的区域中，常用于大面积的着色。

　　(4) 取色工具▱：将管口对准绘图区的一种颜色，单击左键，可以设定这种颜色为当前的前景色。

　　(5) 刷子工具▱：具有书法笔刷、喷枪、铅笔、蜡笔、记号表、颜料刷、水彩笔等功能。刷子的形状和粗细还可以从"工具模式选项"中选择。

　　(6) 放大镜🔍：将绘图区的指定区域放大。

　　(7) 文字工具**A**：将文本插入图片，可以从【文本】菜单中选择【文字工具栏】命令，对文字设定字体、字号大小等格式。

　　(8) 3D 编辑工具▱：使用高级编辑工具对图片进行 3D 编辑。

6. 桌面个性化设置

　　在 Windows 10 操作系统中可通过【个性化】设置对话框创建自己的个性化桌面，包括更改桌面背景、窗口边框颜色、锁屏界面、字体、声音、鼠标指针等桌面主题。

⚒ 任务实施

1. 碎片整理和优化驱动器

　　单击【开始】→【Windows 管理工具】→【碎片整理和优化驱动器】，打开如图 1.3.1 所示的【优化驱动器】界面。

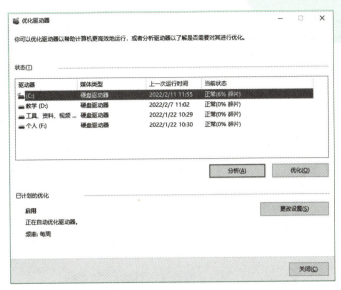

◆ 图1.3.1　【优化驱动器】界面

1) 驱动器分析及优化

在图 1.3.1 中单击需要优化的驱动器→单击【分析】按钮，对磁盘进行分析→单击【优化】按钮，对磁盘进行优化，如图 1.3.2 所示。

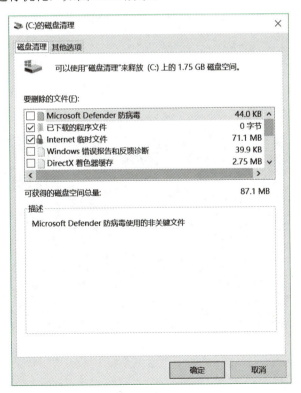

◆ 图1.3.2　磁盘优化

2) 启用优化设置

如果要设置系统磁盘自动优化方案，则可单击【更改设置】→在【优化计划】页面勾选【按计划运行】→频率可根据需要选择(推荐每周)→勾选【如果连续错过三次计划的运行，则增大任务优先级】→单击【驱动器】右边的【选择】按钮→根据需要选择要优化的驱动器(建议全选)→单击【确定】按钮，如图 1.3.3 所示。

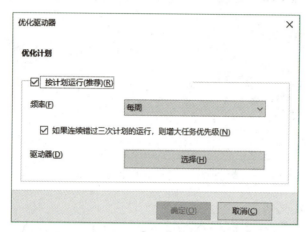

◆ 图1.3.3 【优化计划】界面

2. 设置用户密码

1) 设置密码

单击【开始】→【设置】⚙→【更新和安全】→【登录选项】→【密码】→【添加】→在【创建密码】页面填入相关内容(如图 1.3.4 所示)→填完后单击【下一页】→【完成】，完成用户密码设置。

◆ 图1.3.4 创建密码界面

2) 设置自动锁定设备

单击【开始】→【设置】⚙→【账户】→【登录选项】→勾选【允许 Windows 在你

离开时自动锁定设备】，如图 1.3.5 所示。如果需要设置用户离开设备后多久需要重新登录，则可单击打开【从睡眠中唤醒电脑时】下拉菜单，进行选择。

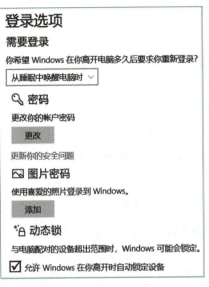

◆ 图1.3.5 登录选项界面

3. 防火墙设置

Windows 10 系统中自带了防火墙并且是默认打开了，用户可以查看防火墙的开放情况，在特殊情况下，如果需要关闭防火墙，则可以对防火墙进行设置。

单击【开始】→【设置】⚙→【账户】→【Windows 安全中心】✦→【防火墙和网络保护】，在【防火墙和网络保护】页面可以看到系统默认防火墙是打开的，如图 1.3.6 所示。如果需要对防火墙状态进行设置，则可根据需要单击【域网络】、【专用网络】、【公用网络】状态开关打开或关闭即可。

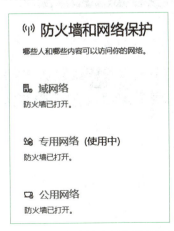

◆ 图1.3.6 【防火墙和网络保护】界面

4. Windows 病毒和威胁防护

Windows 系统自带了病毒和威胁防护功能，用户可以不用另外安装防病毒软件，直接使用系统提供的这个功能。

单击【开始】→【设置】🔆→【账户】→【Windows 安全中心】🛡→【病毒和威胁防护】，打开【病毒和威胁防护】页面，如果系统还安装了其他防杀毒软件，那么也可以在这里显示，系统处于安全状态就会提示【当前威胁】、【保护设置】、【保护更新】不需要执行操作，如图 1.3.7 所示。如果要想对系统进行安全扫描，则可单击【快速扫描】对系统进行快速扫描，并显示扫描结果，提示下一步操作。

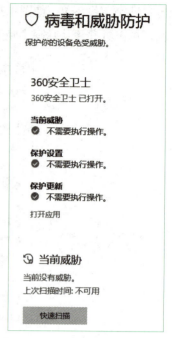

◆ 图1.3.7　病毒和威胁防护界面

5. 个性化桌面主题设置

1) 设置桌面背景

单击【开始】→【设置】🔆→【个性化】→【背景】→在下拉框中选择【图片】、【纯色】或【幻灯片放映】模式→单击【浏览】按钮选择要设置的背景图片→在【选择契合度】下拉菜单中选择【填充】模式，桌面背景设置界面如图 1.3.8 所示。

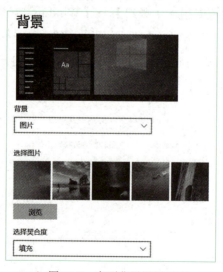

◆ 图1.3.8　桌面背景设置界面

2) 设置颜色

单击【开始】→【设置】🔆→【个性化】→【颜色】→在【选择颜色】下拉菜单中

选择【浅色】、【深色】或【自定义】颜色，如图 1.3.9 所示。打开或关闭【透明效果】开关可以设置透明效果。在【选择你的主题色】栏中单击选择喜欢的主题颜色。

3) 设置锁屏界面

单击【开始】→【设置】⚙→【个性化】→【锁屏界面】→单击【背景】下拉菜单可以选择【Windows 聚焦】、【图片】、【幻灯片放映】模式，如图 1.3.10 所示。

◆　图1.3.9　桌面颜色设置界面　　　　　◆　图1.3.10　桌面锁屏界面

在【选择在锁屏界面上显示详细状态的应用】下选择图标可在锁屏界面上显示详细状态的应用；在【选择在锁屏界面上显示快速状态的应用】下选择相应图标可在锁屏界面上显示快速状态的应用。

单击【屏幕超时设置】→在【电源和睡眠】页面设置电脑进入睡眠状态的时间→单击【其他电源设置】可选择或自定义电源计划 (推荐使用默认平衡计划)。

1. 根据你电脑的运行情况判断是否需要整理磁盘碎片，如果需要，则进行磁盘碎片整理。

2. 为你的电脑设置用户密码。

3. 评估你的电脑运行环境是否安全，有没有安装第三方防杀毒软件，防火墙是否打开，如果没有打开，则打开防火墙，对你的电脑进行安全扫描。

4. 为你的电脑设置个性化桌面。

任务1.4 文件和文件夹的基本操作

任务情境

小刘的电脑中保存的宣传稿件、图片素材、统计资料等文件越来越多，这些随意存放的文件显得杂乱无章，要找到自己需要的文件要花很长时间，这让小刘心烦意乱。小刘想要了解 Windows 10 中管理文件和文件夹的方法，以提高自己的工作效率。

任务分析

计算机上的各种信息以文件的形式保存在磁盘上。在日常工作中，为了有效利用和管理文件，可以根据文件的用途、类型、时间等要求建立分层次的结构化文件夹，并通过文件夹的复制、移动、删除、创建快捷方式等基本操作，将大量文件分门别类放置在不同的文件夹中，以便于文件管理、查询、维护及使用。

相关知识点

1. 文件

文件是 Windows 存取磁盘信息的基本单位，一个文件是磁盘上存储的信息的一个集合，可以是文字、图片、影片、应用程序等。每个文件都有自己唯一的名称。

文件的命名规则：文件的命名是"文件名.扩展名"，文件名和扩展名中间加一个点。文件名可以由用户在一定的规则下任意命名，而扩展名则表示了文件的格式类型。Windows 10 正是通过文件的扩展名来对文件进行管理的。

(1) 文件名最长可以使用 256 个字符。

(2) 可以使用扩展名，扩展名用来表示文件类型，也可以使用多间隔符的扩展名。如 win.ini.txt 是一个合法的文件名，但其文件类型由最后一个扩展名决定。

(3) 组成文件的字符可以是英文字母、数字、¥、@、&、+、(   )、下画线、空格、汉字等，但不允许使用下列字符 (英文输入法状态)：<、>、/、\、|、:、"、*、?。

(4) Windows 系统对文件名中的字母不区分大小写。

2. 文件夹

在 Windows 10 操作系统中，文件夹主要用来存放文件，是存放文件的容器。文件目录 (或称为文件夹) 是由文件目录项组成的。文件目录分为一级目录、二级目录和多级目录。文件目录为每个文件设立一个表目。文件目录表目至少要包含文件名、文件内部标识、文件的类型、文件存储地址、文件的长度、访问权限、建立时间、访问时间等内容。

多级目录结构也称为树形结构，在多级目录结构中，每一个磁盘有一个根目录，在根目录中可以包含若干子目录和文件，在子目录中不但可以包含文件，而且还可以包含下一级子目录，这样类推下去就构成了多级目录结构。

3. 文件资源管理器

文件资源管理器是 Windows 系统提供的资源管理工具，可以用它查看本台电脑的所有资源，它提供的树形文件系统结构能使用户更清楚、更直观地认识电脑的文件和文件夹。另外在"资源管理器"中还可以对文件进行各种操作，如打开、复制、移动等。

在 Windows 10 操作系统中，文件资源管理器采用了标签页和功能区的形式，便于用户对文件和文件夹进行管理。文件资源管理器主要包含计算机、主页、共享和查看四种标签页，单击进入不同的标签页，则可对文件或文件夹进行不同的操作。

✖ 任务实施

利用资源管理器在电脑 D 盘根目录下新建"×××文件夹"，并在此文件夹中创建"工作""学习""娱乐"三个文件夹，结构如图 1.4.1 所示，为"工作"文件夹创建桌面快捷方式，复制"学习"文件夹并将文件夹重命名为"作业"，将该文件夹压缩，为其设置密码，将其上传到 WPS 云端。

◆ 图1.4.1　文件夹结构图

1. 打开资源管理器

在桌面双击【此电脑】 即可打开 Windows 资源管理器，或者使用【Win＋E】快捷方式也可打开资源管理器。

2. 新建文件夹

在资源管理器左侧栏单击【此电脑】左侧展开按钮 →单击【本地 (D:)】打开 D 盘根目录→在资源管理器右侧窗口右击→选择【新建 (W)】→【文件夹 (F)】，则新建一个文件夹→选中新建文件夹→右击→选择【重命名 (M)】→输入"工作"，则完成了"工作"

文件夹的新建。用同样的方法创建"学习""娱乐"文件夹。

3. 创建快捷方式

选中"工作"文件夹→右击→选择【发送到(N)】→【桌面快捷方式】，即在桌面创建了"工作"文件夹桌面快捷方式。

4. 移动、删除文件夹

如果要将D盘新建的"工作"文件夹移动到C盘根目录下，则选中要移动到的文件夹→右击→选择【剪切】→【打开C盘】→在C盘空白处右击→选择【粘贴】，即可将文件夹移动到C盘根目录。注意：如果使用"剪切"，则原D盘的文件夹将自动删除；如果使用"复制"，则粘贴后原D盘的文件夹还存在。

在资源管理器中还可以在右侧栏直接拖动要移动的文件夹到左侧C盘位置后释放，这样文件夹也可被复制到C盘。

若要删除文件夹，则选中文件夹→右击→选择【删除(D)】，文件夹即可被删除。若要找回删除的文件或文件夹，则可打开【回收站】→选中已删除的文件→右击→选择【还原】，即可找回已删除的文件或文件夹。

5. 文件夹压缩、上传

复制"学习"文件夹，将其重命名为"作业"，将"作业"文件夹压缩，为其设置密码"123"，并将其上传到WPS云端，操作如下：

(1) 复制、重命名文件夹。单击选中"学习"文件夹→右击→选择【复制】→在当前路径下右击→选择【粘贴】→单击选中刚复制的文件夹→右击→选择【重命名】→将文件夹重命名为"作业"。

(2) 压缩、上传文件。单击选中"作业"文件夹→右击→选择【添加到压缩文件】→【添加密码】→在【输入密码】栏输入密码"123"，在【确认密码】栏输入密码"123"→单击【确定】按钮→单击【立即压缩】，完成文件压缩→右击→单击【上传或同步到WPS】，完成将文件上传到WPS云端的操作。

6. 查看文件、文件夹

Windows系统在将文件、文件夹显示的时候会有不同的显示方式，以方便用户查看使用文件、文件夹。用户可以通过改变文件、文件夹的显示方式从而更好地查看、使用文件、文件夹。

1) 改变文件、文件夹显示方式

打开文件、文件夹存放的路径→单击【查看】，在【布局】栏可以看到有【超大图标】、【大图标】等多种布局形式，当光标放在相应显示标志上时，可看到显示效果，可根据需要单击选择，如图 1.4.2 所示。如果文件、文件夹较多，则还可在【当前视图】栏选择文件、文件夹排列方式，或根据需要进行分组。

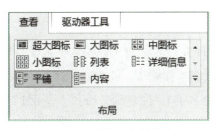

◆ 图1.4.2　文件、文件夹布局

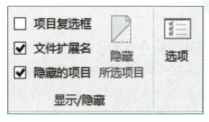

◆ 图1.4.3　文件夹显示/隐藏

2) 文件、文件夹显示 / 隐藏

在 Windows 系统中，为了防止误删除系统文件 (系统文件默认是隐藏的)，用户也可以通过设置将系统文件显示出来。此外，Windows 系统还可以根据用户需要将文件后缀或文件、文件夹隐藏。

如果要将隐藏的系统文件显示，则可单击【查看】→在【显示 / 隐藏】栏，将【隐藏的项目】前复选框中的钩去掉。如果不想显示文件的扩展名 (后缀)，则可将【文件扩展名】前复选框中的钩去掉。文件夹显示 / 隐藏如图 1.4.3 所示。或者单击【选项】，打开【文件夹选项】选项卡→单击【查看】→在【高级设置】中进行文件隐藏属性设置或者文件扩展名属性设置，如图 1.4.4 所示。

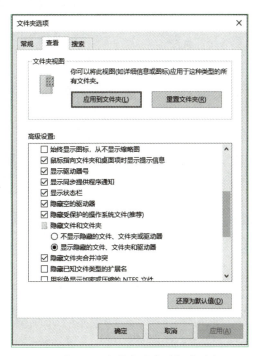

◆ 图1.4.4　文件夹【查看】选项卡

1. 在电脑 D 盘根目录下创建一个个人文件夹，名称为"你的名字 + 学号"，然后在个人文件夹里创建两个子文件夹，分别取名"作业 1"和"作业 2"。

2. 将本文件改名为"×××作业"（你的名字），先复制一份到"作业 1"文件夹中，再将该文件剪切到"作业 2"文件夹中。

3. 在桌面创建一个"作业 2"文件夹的快捷方式，并截屏，然后粘贴在本题下方。

第 2 单元　WPS 办公文档编辑

任务2.1　公文制作

课程思政

守护信息安全的中文操作系统

中文操作系统

1958 年，中科院计算所研制成功了我国第一台小型电子管通用计算机 103 机，这标志着我国第一台电子计算机的诞生。我国最早的操作系统可以追溯到 20 世纪 70 年代末，从 20 世纪 80 年代个人计算机进入中国市场，到桌面互联网蓬勃发展，这期间，微软雄踞全球 PC 市场，中国的 IT 产业自然只能亦步亦趋，跟随着微软操作系统的脚步。无论是从业者的技术能力、认知时差，还是整体的开发与测试环境，都不足以支撑中国 IT 产业在独立研发上走向繁荣。中国多个科研院所的工程师汇聚一起，立志要研发国产自主操作系统，打造国产新一代操作系统。2004 年冬，"麒麟"操作系统正式诞生，为了打破外国软件统治国内市场的局面，在"麒麟"诞生后，科学家们化身推销员奔向市场，努力推销、全力服务，为新生的"麒麟"硬闯出一条生路。让我们通过视频来观看国产操作系统背后的故事吧。

任务情境

小王到团委学习秘书工作有一段时间了，自己感觉学到了不少知识。最近团委老师给她布置了一个任务：要完成团委《关于公布学生社团成立审批结果的通知》公文排版并草拟发布团委招新通知。小王虽然掌握了一定的秘书工作方法，但对公文排版和发布通知还是感觉有些力不从心。

任务分析

公文写作、排版以及发布等有严格的标准和规范，公文要按照《国家机关政府部门公文写作格式标准》执行。公文排版涉及文本编辑，字体、段落设计，文档页面设计及简单的表格制作。学生学习公文写作、排版以及发布一方面能培养其文档基本编辑能力，另一方面能培养其认真、细致的工作态度和严谨、踏实的职业素养。

相关知识点

1. 公文写作与排版基本知识

国家机关政府部门对公文格式有严格的要求和规范，公文写作、排版及发布要按照国家机关政府部门公文写作格式标准执行。

2. 页面设置

页面设置是要设置页边距、纸张方向、纸张大小、背景等。

3. 字符及段落格式化

字符格式化是对字符大小、字体、颜色、字符间距、文本效果等进行设置。段落格式化是对段落对齐方式、段落缩进、行间距、换行分页等进行设置。

4. 表格制作

WPS 表格由水平行和垂直列组成，行列交叉成的矩形框称为单元格。表格编辑一方面要对表格进行移动、缩放、合并、拆分等操作，另一方面要进行单元格插入、删除、合并、拆分，设置单元格高度和宽度，以及设置单元格中对象的对齐方式等操作。

5. 公文预览及打印

公文预览是在公文正式打印之前，先通过文档预览模式观察即将打印公文的打印效果，如果符合公文格式及打印要求，则可打印。公文打印就是将预览符合要求的公文通过打印机打印输出。

任务实施

1. 了解公文写作与排版基本要求

预习《国家机关政府部门公文写作格式标准》，了解公文排版基本要求。

2. 新建、保存 WPS 文档

1) 新建文档

单击【开始】按钮█→单击【WPS Office】打开文件夹 (如图 2.1.1 所示) →单击█
【WPS Office】→在打开的 WPS 新建窗口 (如图 2.1.2 所示) 中单击【新建】→在打开的
新建选项窗口 (如图 2.1.3 所示) 中单击选中【新建文字】→在【新建文字】右边单击【新
建空白文字】十，即新建了一个默认名为"文字文稿 1"的 WPS 文档。

◆ 图 2.1.1　打开 WPS 程序

◆ 图 2.1.2　WPS 新建文件窗口

◆ 图 2.1.3　WPS 新建选项窗口

2) 保存 WPS 文档

新建的 WPS 文档一定要保存在电脑硬盘中。

单击【文件】→【保存】或【另存为】按钮或直接单击快捷保存按钮，如图 2.1.4 所示，打开【另存文件】对话框 (如图 2.1.5 所示) →单击【我的电脑】→在右边位置窗口选中 D 盘→单击【打开】, 打开文件保存对话框 (如图 2.1.6 所示) →在【文件名】文本框中输入"关于公布学生社团成立审批结果的通知", 单击【保存】按钮完成文件保存。

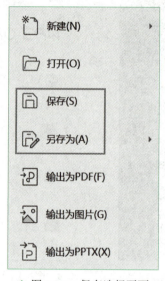

◆ 图 2.1.4　保存选择页面

◆ 图 2.1.5　另存文件对话框

◆ 图 2.1.6　文件保存对话框

3. 页面设置

1) 页面边距设置

单击【页面布局】，在页边距设置栏中设置：上 3 cm、下 2.5 cm、左 2.6 cm、右 2.5 cm，如图 2.1.7 所示。

◆ 图 2.1.7　页面边距

2) 纸张方向及大小设置

在【页面布局】页面中分别单击【纸张方向】、【纸张大小】按钮进行纸张方向及大小的设置 (WPS 文字中纸张方向及大小默认为纵向及 A4，可不重新设置)。

4. 设计公文头

1) 设置发文机关标识

在新建文档中输入"共青团 ×× 职业技术学院委员会"并选中→在【开始】选项卡中单击【居中对齐】快捷方式☰→单击【字体】下拉菜单→选择【方正小标宋简体】(如图 2.1.8 所示)→单击【字号】下拉菜单→选择【小初】→单击【字体颜色】下拉菜单按钮 <u>A</u>▾→选择【红色】。

操作提示：WPS 字体设置快捷方式在【开始】栏中，如图 2.1.9 所示。如果要进行更高级的字体设置，则可单击字体设置快捷栏右下角的小直角图形，打开字体设置对话框进行字体高级设置，如图 2.1.10 所示。

◆ 图 2.1.8　文本字体、字号设置

◆ 图 2.1.9　字体设置对话框

操作提示： 系统中如果没有方正小宋体字体，则可将《教材素材》中的"方正小标宋简体"字体库（或者在网上搜索下载）复制粘贴至 C:/Windows/Fonts 中。

◆ 图 2.1.10　字体高级设置对话框

2) 制作横线

单击【插入】→单击【形状】◻→选择【直线】,在发文机关标识文字下画水平直线。单击选中直线,单击【轮廓】◻下方展开按钮,打开轮廓设置选项卡,单击【更多设置】(如图 2.1.11 所示),打开【属性】设置栏,如图 2.1.12 所示。设置线条颜色为红色,线条宽度为 2.00 磅。

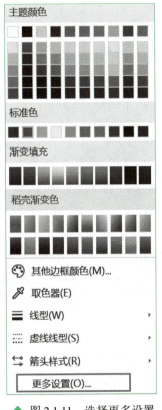

◆ 图 2.1.11　选择更多设置　　　　◆ 2.1.12　线条样式设置

3) 设置发文字号

(1) 设置发文字号文字格式。在发文机关标识文字末尾按回车键,输入"团〔2021〕11 号"。

选中文字→单击【开始】→单击【字体】→选择【仿宋_GB2312】→单击【字号】→选择【三号】。选中"2021"→单击【字体】→选择【Times New Roman】→选中"11",单击【字体】→选择【Times New Roman】。

(2) 设置发文字号段落格式。选中文字→单击段落对话框展开按钮 ↲,打开【段落】设置对话框,如图 2.1.13 所示。设置对齐方式为右对齐,段前为 2 行,行距为固定值 28 磅。

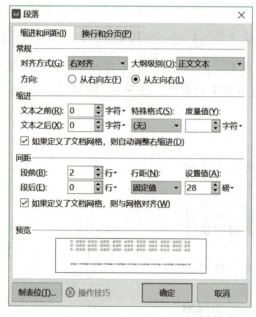

◆ 图 2.1.13　发文字号段落设置

5. 设置公文标题样式

在发文字号文字末尾按回车键，输入"关于公布学生社团成立审批结果的通知"，选中文字，设置字体为方正小标宋简体，字号为二号；单击段落对话框展开按钮 ，打开【段落】设置框，如图 2.1.14 所示。设置对齐方式为居中对齐，段前为 2 行，段后为 1 行，行距为固定值 40 磅。

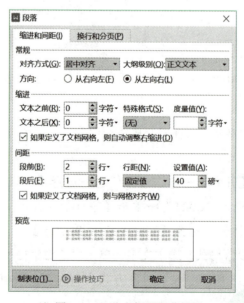

◆ 图 2.1.14　公文标题段落设置

6. 设置正文样式

1) 设置正文文本样式

在发文字号文字末尾按回车键→打开《电子公文素材》→【复制】发文正文→【粘贴】→选中正文→单击【字体】→选择【仿宋 _GB2312】→单击【字号】→选择【三号】。

2) 复制发文表格

在发文正文末尾按回车键→将光标移动到《电子公文素材》表格左上角，当出现移动标志 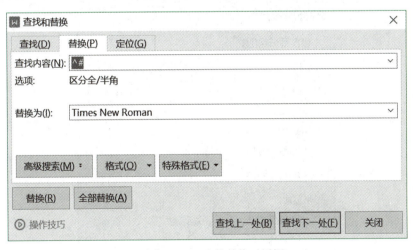⊞ 时→将光标置于移动标志上并右击→【复制】→【粘贴】，将表格复制到当前文档。

3) 表格字体设置

用鼠标手动全部选中表格文字，单击【字体】→选择【仿宋 _GB2312】→单击【字号】→选择【四号】。

4) 批量设置数字样式

一般公文中，数字字体要统一设置为 Times New Roman，在文本中若要将分散的大量数字设置为 Times New Roman，则可使用批量设置方式。

(1) 设置查找内容。单击【开始】→单击【查找替换】🔍→选择【替换】选项卡→在【查找内容】栏输入"^#"，如图 2.1.15 所示。

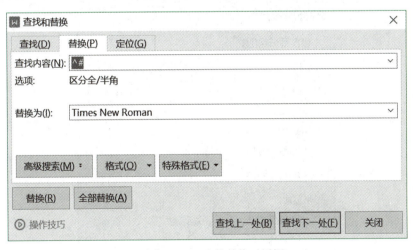

◆ 图 2.1.15　查找替换对话框

(2) 设置替换样式。将光标置于【替换为】右边的输入栏中→单击下方的【格式】按钮→单击【字体】→选择【西文字体】→选择【Times New Roman】→单击【确定】按钮→【全部替换】，则所有数字字体设置为 Times New Roman。

7. 添加页码

1) 设置奇偶页不同

在多页文档制作中，经常会要求首页或奇数页、偶数页的页眉、页脚不同，因此要设置首页或奇偶页不同。

单击【章节】→勾选【奇偶页不同】，如图 2.1.16 所示。

◆ 图 2.1.16　首页、奇偶页不同设置

2) 设置页码格式

单击【插入】→单击【页码】右下脚的展开按钮→在【预设样式】对话框中选择【页码】，打开【页码】样式设置对话框→在【样式】栏选择 "-1-，-2-，-3-…" 样式 (如图 2.1.17 所示)→单击【确定】按钮→单击【关闭】按钮退出页码编辑。

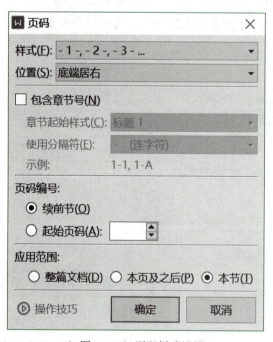

◆ 图 2.1.17　页码样式设置

3) 调整页码字体大小及对齐方式

双击首页页码，进入页码编辑页面 (如图 2.1.18 所示)→选中 "-1-"，设置字体为宋

体，字号为四号→单击【页码设置】设置文字右对齐→在【应用范围】栏单选"本节"→
选中偶数页"-2-"，设置字体为宋体，字号为四号→单击【页码设置】设置文字右对齐
→在【应用范围】栏单选【本节】(如图 2.1.20 所示)→单击【确定】按钮→单击【关闭】
按钮退出页码编辑。

◆ 图 2.1.18　页码编辑页面

◆ 图 2.1.19　页码设置页面

8. 学校社团招聘启事排版

学校社团招聘启事提供了相应文字素材，需要根据要求进行排版，首先打开《社团
招聘素材》，可以看到原始素材是没有样式设计的简单文档，我们通过样式及排版，设计
符合要求的文档。

1) 设置标题格式

选中标题文字→单击打开【字体】设置对话框，设置中文字体为宋体，字号为小二，
字形为加粗 (如图 2.1.20 所示) →单击【确定】按钮→单击打开【段落】设置对话框，设
置对齐方式为居中对齐，段前为 0.5 行，段后为 0.5 行，行距为单倍行距 1 倍，如图 2.1.21
所示。

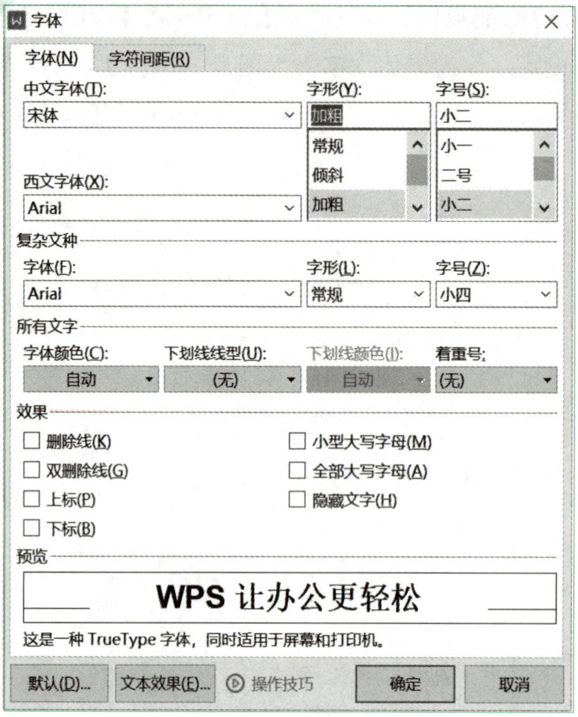

◆ 图 2.1.20　标题字体设置

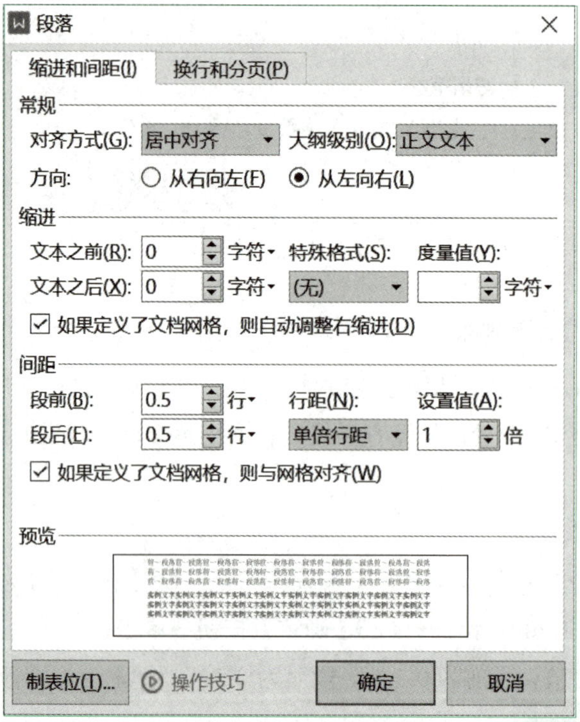

◆ 图 2.1.21　标题段落设置

2) 设置正文文本样式

选中正文文本→【字体】中设置中文字体为仿宋，字号为四号→【段落】中设置对齐方式为左对齐，缩进为首行缩进 2 字符，行距为单倍行距 1.5 倍。

3) 一级标题样式设置

选中一级标题"一、社团形式与要求"→【字体】中设置字形为加粗→双击【格式刷】→用格式刷刷其余一级标题。

9. 招聘启事个人信息表设计

1) 插入表格

单击【插入】→单击【表格】▦，打开【插入表格】对话框（如图 2.1.22 所示）→单击【插入表格】→在打开的对话框的【表格尺寸】中设置列数为 7，行数为 9（如图 2.1.25 所示）→单击【确定】按钮。

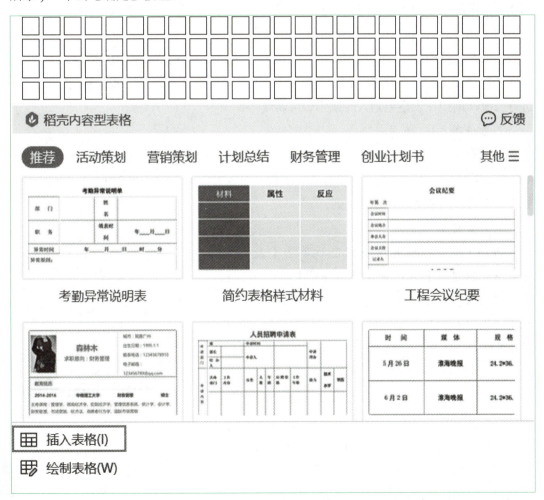

◆ 图 2.1.22　插入表格对话框

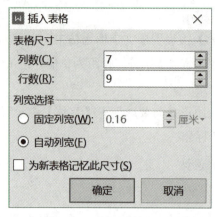

◆ 图 2.1.23　设置表格行、列数

操作提示：WPS 提供了多种表格插入方式，如图 2.1.22 所示。第一种，用鼠标选中图 2.1.22 所示上方的小方格可直接插入相应行数、列数的表格（最多只能插入 8 行 ×24 列表格）；第二种，可单击选用【稻壳内容型表格】中的模板，插入的表格漂亮、规范，多数模板是收费的；第三种，使用【插入表格】，在【插入表格】对话框中设置行、列数等；第四种，单击【绘制表格】，光标变成笔状，或直接绘制表格，通常用这种方式对表格进行修改，例如在表格中画直线或画表头斜线等。

2）合并单元格

滑动光标选中第 7 列 1 ～ 3 行→右击→选中【合并单元格】。用同样的方法合并第 4 行 6 ～ 7 列，第 2 ～ 4 列，第 5 行 2 ～ 5 列，第 6 行 2 ～ 7 列，第 7 行 2 ～ 7 列，第 8 行 2 ～ 7 列，将第 9 行合并为 1 列。

3）设置行高

选中 1 ～ 5 行单元格→右击→单击【表格属性】→选择【行】→选择【指定高度】输入 1.2 厘米→选择【允许跨页断行】（如图 2.1.24 所示）→单击【确定】按钮。用同样的方法设置第 6 行行高为 2.7 厘米，第 7 行行高为 5.6 厘米，第 8 行行高为 7.4 厘米，第 9 行行高为 24 厘米。

操作提示：对表格进行修改如图 2.1.25 所示。表格左上角双十字箭头为表格属性、移动控制柄，单击选中可全选表格，右击可复制、删除、查看表格属性等；表格右、下方的两个"十"字框柄分别为添加列、行操作柄，单击可插入 1 列、1 行；表格右

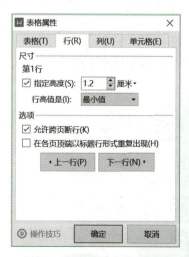

◆ 图2.1.24　表格行属性设置

下角的斜双箭头为表格缩放柄，拖动可实现表格的整体缩放。

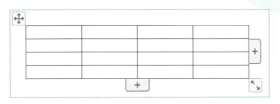

◆ 图 2.1.25　表格设置

4) 调整列宽

选中第 1 ~ 3 行、第 1 ~ 4 列单元格→右击→单击【表格属性】→选择【列】→选择【指定宽度】，设置 2 厘米→单击【确定】按钮。用同样的方法设置第 5、6 列宽度为 2.48 厘米，设置第 1 ~ 3 行第 7 列的合并单元格宽度为 2.98 厘米。

表格第 4 行第 1 列的列宽不同于前 3 行的列宽，要调整这个列宽，可以选中第 4 行第 1、2 列，移动光标至中间竖线，当光标变成左右箭头时，按住左键拖动竖线到合适位置，如图 2.1.26 所示。

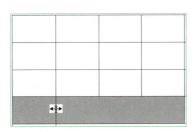

◆ 图 2.1.26　调整表格列宽

5) 输入文字并设置单元格文字方向及对齐方式

(1) 前 5 行文字水平、垂直居中。滑动光标选中第 1 ~ 5 行→右击→单击【表格属性】→选择【单元格对齐方式】→右击→选择【水平垂直居中】 ，如图 2.1.27 所示。用同样的方法设置第 6、8 行文字对齐方式。

◆ 图 2.1.27　单元格文字水平、垂直居中

(2) 设置第 7 行文字方向。选中第 7 行文字→右击→选择【文字方向】→选择【垂直方向 (2)】→单击【确定】按钮，如图 2.1.28 所示。

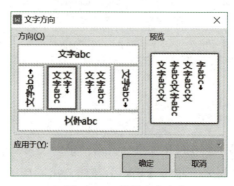

◆ 图 2.1.28 设置文字方向

(3) 设置第 7 行文字对齐方式及字符间距。选中表格第 7 行文字→右击→单击【表格属性】→选择【单元格对齐方式】→右击→单击【水平垂直居中】。

选中第 7 行文字→单击打开【字体】设置对话框→选择【字符间距】选项卡 (如图 2.1.29 所示)→单击【间距】下拉框→选择【加宽】，设置 0.15 厘米→单击【确定】按钮。

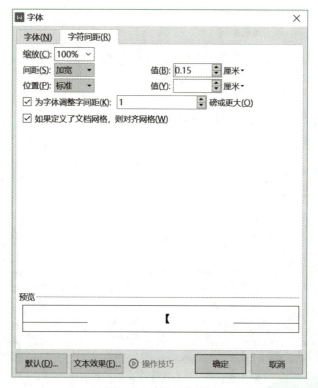

◆ 图 2.1.29 设置字符间距

学校社团招聘启事效果如图 2.1.30 所示。

个人信息登记表

姓　名		性　别		出生年月		
学　号		籍　贯		政治面貌		
民　族		班　级		联系电话		
所在学院			班　级			
现居住地址				联系电话		
个人兴趣、爱好						
获奖情况						

第 3 页 共 6 页

◆ 图 2.1.30　学校社团招聘启事效果图

1. 参照图 2.1.31 的效果制作某公司人事任命书。要求：①"××集团公司人力资源部"为双行排列，与"人事任命书"在同行 (红色，宋体，48)；②文号为仿宋，数字为 Times New Roman，三号；③"人事任命通知书"为宋体，一号，段前 2 行，段后 1 行；④插入红色上细下粗双线，宽度 6 磅；⑤正文为仿宋四号。

图 2.1.31　作业 1 效果图

2. 按图 2.1.32 的效果模板制作个人名片，名片尺寸为 90 mm× 54 mm。

图 2.1.32　作业 2 效果图

3. 按图 2.1.33 的效果制作餐厅餐单。

◆ 图 2.1.33　作业 3 效果图

任务 2.2　个人简历制作

 任务情境

　　学校团委要招聘一批学生干部，小刘一直想通过担任学生干部锻炼自己。招聘通知中要求提交一份个人简历。小刘计划制作一份精美的简历来展示自己，他在网上搜索下载了一些漂亮的简历，但发现要制作个性化的简历还是要自己动手。

任务分析

　　用 WPS 制作个人简历是一个不错的选择，一方面 WPS 文字功能很强大，可以利用图文混排进行艺术字效果设计、背景设计、文本框效果设计、版面整体效果设计等，另一方面，WPS 新增了"金山海报"，金山海报可以进行公众号封面等新媒体设计，也可以进行精美个人简历等办公文档设计，还可以进行商业海报设计等。

 相关知识点

1. 文本框

文本框是 WPS 文字中可以放置文本的容器，使用文本框可以将文本放置在页面中的任意位置。可以对文本框设置各种边框格式、选择填充色、添加阴影等。

2. 形状设置

WPS 文字提供了常用的形状，可以根据需要对形状进行填充设置、轮廓设置、大小位置设置以及阴影、发光、三维旋转、柔化边缘等形状效果设置。

3. 项目符号

项目符号是放在文本前以添加强调效果的点或其他符号，即在各项目前所标注的符号，好的项目符号能使文档重点突出、结构合理。

4. 艺术字设计

艺术字是一种特殊的图形，它以图形的方式展示文字，具有艺术效果，能够美化文档界面。

5. 文字环绕

文字环绕主要用于设置 Word 文档中的图片、文本框、自选图形、剪贴画、艺术字等对象与文字之间的位置关系，一般包括四周型、紧密型、衬于文字下方、浮于文字上方、上下型、穿越型等多种文字环绕方式。

任务实施

1. 了解个人简历与排版基本要求

好的个人简历首先要有目标性，也就是要明确做这个简历是为了什么；其次，个人简历要突出重点，展示亮点；再次，个人简历要简洁、醒目、有个性；最后，在版面设计上要体现一致性，即色彩一致、图标一致、字体一致。

2. 设置个人简历页面

启动 WPS 文字→单击【新建文字】→单击【新建空白文字】＋，新建一个空白文档→单击【另存为】，将文档另存为名为"个人简历 .doc"的文档→单击【页面布局】→在【页边距】上设置，上为 0 cm，下为 0 cm，左为 0 cm，右为 0 cm →【纸张大小】默

认 A4。

3. 顶部形状设置

1) 右边形状设置

(1) 画三角形调整方向大小。单击【插入】→【形状】→【基本形状】→单击【直角三角形】(如图 2.2.1 所示)，当光标变成 "+" 时拖动鼠标划出直角三角形→单击选中三角形→按住三角形上方旋转控制点⟳向右旋转 180 度，使三角形变成直角向上的方向；在形状高度 ⫟ 和形状宽度 ⫿ 栏设置高度和宽度分别为 6.00 厘米和 15.80 厘米，如图 2.2.2 所示。

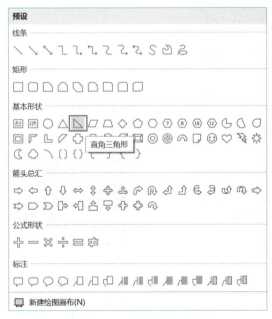

◆ 图 2.2.1　插入直角三角形

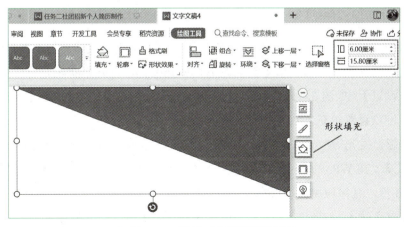

◆ 图 2.2.2　设置三角形高度和宽度

(2) 设置三角形颜色和边框。单击选中三角形→单击【填充】 右下角展开按钮，打开形状填充对话框，如图2.2.3所示。单击【其他填充颜色】，打开【颜色】选择器→选择【自定义】选项卡，如图2.2.4所示。在【颜色模式RGB】中设置红色为237，绿色为178，蓝色为173。单击【轮廓】右下角展开按钮，打开边框填充对话框 (类似图2.2.3) →在【主题颜色】中选中单击【白色】→【线型】→单击选择【6磅】，完成右边三角形的制作。

◆ 图2.2.3　形状填充对话框

◆ 图2.2.4　颜色自定义

操作提示:对插入文档的图片要进行高级设置时,可打开【更多设置】窗口进行设置。单击选中插入的图形→单击【填充】 右下角展开按钮,打开形状填充对话框,在底部单击【更多设置】(如图 2.2.3 所示),打开更多设置窗口 (如图 2.2.5 所示) →在【填充与线条】中可以设置填充方式与颜色,设置线条样式与颜色等。在【效果】选项卡中设置阴影、倒影、发光等效果,还可设置柔化边缘、三维格式、三维旋转等模式。

操作提示 :在 WPS 中,如果需要使用已知 RGB 值的颜色,则可通过在颜色自定义中设置 RGB 值,直接应用标准颜色,如图 2.2.4 所示。如果不确定某种颜色的 RGB 值,则可使用【取色器】,如图 2.2.3 所示。单击【取色器】 当光标在相应颜色上移动时即可取得颜色的 RGB 值。

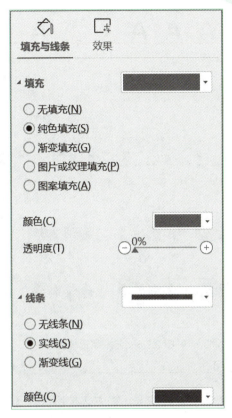

◆ 图 2.2.5　图形更多设置窗口

2) 左边形状设置

用类似步骤 1) 右边形状设置的方法来设置左边的直角三角形，RGB 颜色为 61，86，133，高 7.70 厘米，宽 14.60 厘米，轮廓白色，线型 6 磅。

3) 设置形状叠放层次

单击选中左边的三角形→右击→选择【置于底层】，使左边的三角形置于底层。

4) 插入艺术字

单击【插入】→单击【艺术字】 右下角展开按钮，打开艺术字选择窗口 (如图 2.2.6 所示)→单击选中第二行第一个样式 A，在艺术字输入对话中输入"个人简历"→选中文字→单击【文本填充】右下角展开按钮，打开【文本填充】窗口→在【主题颜色】中单击选择【白色】，将文本填充为白色，选中文字，单击【文本效果】右下角展开按钮，打开文本填充窗口→单击【更多设置】，打开【更多设置】窗口→单击选择【效果】选项卡→设置阴影为外部，颜色为矢车菊蓝，透明度 0%，大小 100%，模糊 1 磅，距离 4 磅，角度 40°。

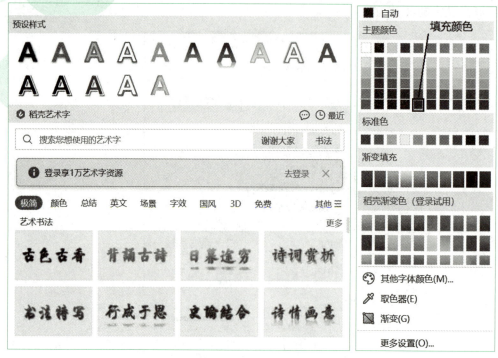

◆ 图 2.2.6 艺术字选择窗口

5) 设置艺术字环绕方式

单击选中艺术字，在艺术字右侧单击环绕方式按钮打开【布局选项】，单击选择【浮于文字上方】▇▇(如图 2.2.7 所示)，拖动艺术字到合适位置。

操作提示：WPS 中插入的图片、艺术字等与文本之间的环绕方式有多种，可通过选中对象，单击环绕方式按钮▇进行设置，如图 2.2.7 所示。

◆ 图 2.2.7 文字环绕选择

6) 照片设置

单击【插入】→单击【图片】右下角展开按钮，打开图片选择窗口→单击【本地图片】，打开插入图片选择窗口→选中"个人简历照片 .png"→单击【打开】，将图片插入文档中→选中插入的图片→单击【边框】 □ 右下角展开按钮，打开边框设置窗口→单击【其他边框颜色】→单击选择【自定义】→在【颜色模式 RGB】中设置红色为 237，绿色为 178，蓝色为 173，如图 2.2.8 所示。

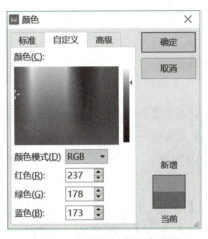

个人简历
制作1

◆ 图2.2.8　照片边框颜色设置

4. 左边浅蓝色矩形框设置

单击【插入】→单击【形状】右下角展开按钮，打开形状选择窗口→单击选择【矩形】→向下拖动画出矩形框，在参数设置窗口中设置高为 27.3 厘米，宽为 8 厘米→选中绘制的矩形→单击【填充】右下角展开按钮，打开填充窗口→单击选择【其他填充颜色】→单击选择【自定义】选项卡→在【颜色模式 RGB】中设置红色为 232，绿色为 245，蓝色为 250，设置矩形填充色→单击【轮廓】右下角的展开按钮，打开轮廓设置窗口→单击选择【无边框颜色】→单击选择矩形→右击→单击选择【下移一层】，将矩形框调至最底层→拖动调整矩形框到合适位置。

5. 左侧胶囊框及文字设置

1) 插入胶囊框

单击【插入】→单击【形状】右下角展开按钮，打开形状选择窗口→在【流程图】中选择【胶囊框】 ⬭ →拖动鼠标画胶囊框→选中画好的胶囊框→在参数设置窗口设置高为 1.45 厘米，宽为 6.00 厘米。

2) 设置胶囊框填充及轮廓

单击选中绘制的胶囊框→单击【绘图工具】→单击【填充】右下角展开按钮，打开填充窗口→单击【其他填充颜色】→单击【自定义】选项卡→在颜色模式中设置 RGB 颜色，红色为 61，绿色为 86，蓝色为 133，完成填充颜色设置→单击【轮廓】右下角展开按钮，打开轮廓设置窗口→单击【无边框颜色】，完成边框设置。

3）文本及图标设置

选中胶囊框→右击→【添加文字】→输入"自我评价"→选中文字→设置字体为黑体，字号为三号，字型为加粗，颜色为白色；复制粘贴图标，调整胶囊框到合适位置。

用相同的方法制作其余胶囊框及添加文字，选中三个胶囊框→在弹出的排列方式中选择"左对齐"。

6. 右侧文本框及文字设置

1）插入文本框

单击【插入】→单击【文本框】 右下角展开按钮，打开文本框选择下拉菜单→单击选择【横向】→拖动鼠标画文本框→选中文本框→单击【绘图工具】，在尺寸设置栏设置高为 10.10 厘米，宽为 10.30 厘米。

2）设置文本框轮廓

单击选中文本框→单击【绘图工具】→单击【轮廓】 右边展开按钮，打开轮廓属性设置窗口→单击【主题颜色】选择【矢车菊蓝，着色 1，深色 50%】→单击【线型】选择 1.5 磅→单击【虚线线型】选择【短划线】。

3）文本及项目符号设置

在文本框中输入"广东中山"→单击【插入】→单击【符号】 右下角展开按钮→单击【标点】→单击竖线｜，即可完成竖线特殊符号竖线插入→输入完第一行所有文字后选中文字→单击【段落】设置展开按钮 ，在段落设置对话框设置间距为段前 2 行，字体为黑体，字号为四号，字型为加粗，颜色为矢车菊蓝。

光标置于文本框第二行→单击【开始】→单击【项目符号】 右侧展开按钮，打开【项目符号】选择窗口（如图 2.2.9 所示）→单击选择 ，插入项目符号。

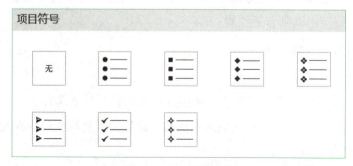

◆ 图 2.2.9　项目符号选择窗口

用同样的方法制作右边第二个文本框，最终效果如图 2.2.10 所示。

RESUME

基本信息

2020/12/15

132******1

广东省 XX 市七路

123456789@163.com

自我评价

　　本从性格开朗，工作认真负责细心，有较强的责任心和进取心；头脑灵活，不怕吃苦，理解力强，能够很好的处理同学间的关系，具有强烈的团队合作意识，并能承担必须的工作压力；诚实正直，谦和自信，乐于进取乐于奉献，用心上进，有较强的社会适应能力。

专业技能

JAVA 程序设计

数据库设计应用

Web 前端设计

教育经历

广东 XX | XX 职院 | 2020.9 至今

➢ XX 职业技术学院信息工程学院软件技术专业
➢ 主修课程：信息技术基础、人工智能技术导论、数据结构、JAVA 程序设计、web 前端设计、数据库设计与应用、软件测试技术、PHP 应用开发
➢ 个人选修：C 语言程序设计、跨平台 HTML5 实践、web 前端框架技术、IT 新技术实战

湖南长沙 | XX 中学 | 2020.9-2019.7

➢ 所在学校：湖南省 XX 市 XX 中学
➢ 担任职务：担任学校学生会主席
➢ 兴趣特长：爱好羽毛球运动、代表长沙中学参加湖南省中学生羽毛球比赛，获湖南省中学生羽毛球比赛银牌。

获奖情况

广东 XX | XX 职院 | 2020.9 至今

➢ 2020.12 获 XX 职业技术学院学习标兵
➢ 2021.02 获 XX 职业技术学院一等奖学金
➢ 2021.03 获 XX 职业技术学院优秀学生会干部
➢ 2021.05 获广东省职业院校 web 前端设计大赛一等奖
➢ 2021.07 获全国"蓝桥杯"软件设计大赛一等奖

湖南长沙 | XX 中学 | 2017.9-2020.7

➢ 2017.12 获湖南省 XX 中学三好学生奖
➢ 2018.03 获湖南省 XX 中学一等奖学金
➢ 2018.05 湖南省 XX 中学优秀学生会干部
➢ 2018.05 湖南省 XX 中学羽毛球比赛金牌
➢ 2018.05 湖南省中学生羽毛球比赛银牌

◆ 图 2.2.10　个人简历效果图

1. 按图 2.2.11 样式制作个人简历。

个人简历
制作2

◆ 图 2.2.11　作业 1 个人简历效果图

2. 参照如图 2.2.12 所示的"商业项目计划书"模板样式设计制作商业计划书。

◆ 图 2.2.12　作业 2 商业项目计划书效果图

任务 2.3　毕业综合设计排版

任务情境

　　小张今年就要毕业了，毕业前还有一项重要的事情 —— 毕业综合设计需要完成。小张专业课很优秀，一直在老师的软件工作室学习，参与了一些工作室项目开发，积累了丰富的项目资源，但当他看到毕业综合设计的规范要求时却觉得有点犯难了，他觉得要按规范完成毕业综合设计还要再好好学习一下 WPS 知识。

任务分析

　　毕业综合设计是对高职学生毕业前职业技术综合应用能力的总结和展示，不仅要求内容丰富而且格式规范也有较多要求。毕业综合设计要根据文档排版要求进行标题、正文样式设置，自动生成目录，添加分隔符为文档各部分设置不同样式。

相关知识点

1. 文档属性

文档属性包含文档的标题、主题、作者、类别、关键词、文件长度、创建日期、最后修改日期、统计信息等，它是对文档基本信息的基本描述。

2. 样式

样式是一组已命名的字符格式或段落格式。可以把样式应用于一个段落或者段落中选定的字符中，按照样式定义的格式，能批量地完成段落或字符格式的设置。样式分为字符样式和段落样式或内置样式和自定义样式。

3. 目录

目录是长文档不可缺少的部分，有了目录，用户就能很容易地了解文档的结构内容，并快速定位需要查询的内容。目录通常由两部分组成：左侧的目录标题和右侧标题所对应的页码。

4. 节

"节"是 WPS 文字重要的概念，主要用来将文档分成不同的部分。"节"可以实现在同一文档中设置不同的页面格式，如不同的页面大小、不同的页眉页脚、不同的页边距、不同的分栏等。如果不设置"节"，则新建的文档默认只有一个"节"，整篇文档只能用统一的页面格式。

5. 页眉页脚

页眉页脚位于文档中每个页面页边距（页边距：页面上打印区域之外的空白空间）的顶部和底部区域。通常文档标题、章节名称、页码、公司徽标等信息需要打印在页眉页脚上。

6.WPS 域

WPS 域用于在文档中插入某些特定的内容或自动完成某些复杂的功能。如使用域可以将日期、时间等插入到文档中，并且能使文档自动更新日期、时间。域的最大特点是可以根据文档的改动或其他有关因素的变化而自动更新。例如，生成目录后，目录中的页码会随着页面的增减而产生变化，这时可通过更新域来自动修改页码。

✖ 任务实施

1. 了解毕业综合设计排版基本要求

1) 文档封面

文档封面要使用蓝色有色纸作封面背景，在封面使用学校图标 (Logo)，按论文排版要求设置字体格式及段落格式。

2) 文档标题

标题序号依据标题级分别设为：第一部分、1.1、1.1.1、1.1.1.1，依次使用 WPS 内置样式"标题 1""标题 2""标题 3""标题 4"。

3) 文档目录

使用自动目录显示 3 级目录。

4) 页眉页脚

封面、前言、要求等部分无页眉页脚，目录部分页码用罗马字母 I、II、III、IV、V……表示，奇偶页分别为左对齐和右对齐。正文部分页码用"-1-"居中，页眉显示章标题，奇数页左对齐，偶数页右对齐。

5) 参考文献

参考文献采用顺序编码制，在引文处按论文中引用文献出现的先后，以阿拉伯数字连续编码，序号置于方括号内，如 [1]，用上角标标明，参考文献内容按顺序置于文后，使用交叉引用。

6) 注释

注释主要用于对文章篇名、作者及文内某一特定内容作必要的解释或说明；注释采用顺序编码制，将阿拉伯数字置于圆圈内，如①，用上角标在文中标引，使用脚注。

2. 封面设计

在要求规范的文档中，表格的使用能使文字段落排列齐整、美观。在文档中插入表格，将表格内外框线设置为无色，这样在输入文字时既看不见表格框线，同时又有表格框线的约束，还可为表格各单元格设置不同的文字、段落样式，使文档既规范又有变化。

1) 背景设置

启动 WPS 文字→【另存为】封面 .doc，新建并保存 WPS 文档→单击【页面布局】→单击【背景】，打开背景设置窗口 (如图 2.3.1 所示) →选择【其他背景】→选择【图案】，打开【填充效果】窗口→单击【纹理】选项卡→单击选择【有色纸 1】(如图 2.3.2 所示) →单击【确定】按钮，完成封面背景设置。

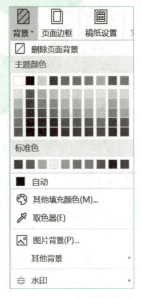

◆ 图 2.3.1　背景设置窗口

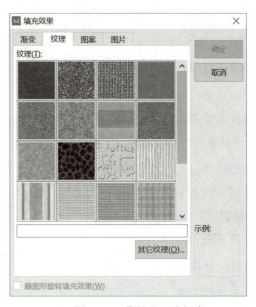

◆ 图 2.3.2　背景纹理选择窗口

2) 封面表格设计

单击【插入】→【表格】，打开插入表格窗口→拖动鼠标画出 10 行 5 列的表格→单击选中表格→右击→选择【表格属性】→【表格】→【边框和底纹】，打开【边框和底纹】设置对话框 (如图 2.3.3 所示) →在【线型】下拉框中选择第一条虚线，在【颜色】下拉框中选择白色，在【宽度】下拉框中选择 0.25 磅→在【预览】中单击"上、中、下、左、中、右" 6 个选择框，使其显示为浅蓝色背景 (如图 2.3.3 所示，如果不需要显示某条边线，则可再单击取消设置) →单击【确定】按钮完成表格样式设置→调整表格宽度、高度，用橡皮擦擦除不需要的线条→在表格中插入 Logo，输入文字，效果如图 2.3.4 所示。

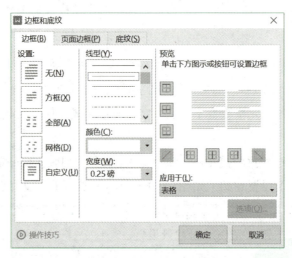

◆ 图 2.3.3　边框和底纹设置窗口

◆ 图 2.3.4　封面设计效果

3. 正文排版

1) 属性及加密设置

单击【文件】→单击选择【文档加密】→选择【属性】→选择【摘要】，打开【摘要】选项卡，填写标题、作者等，如图 2.3.5 所示。

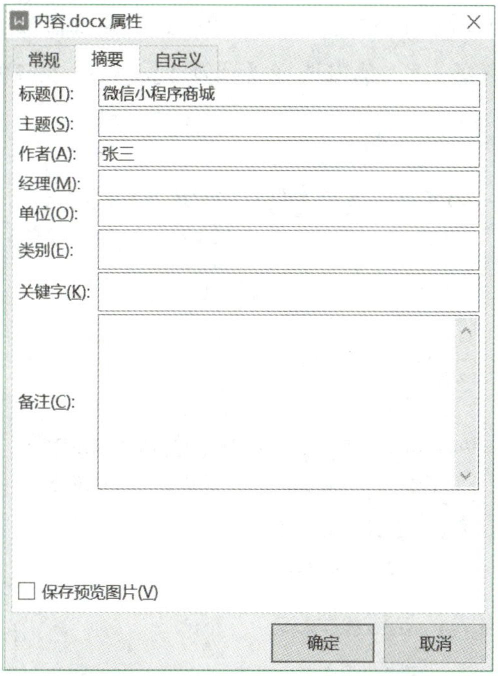

◆ 图 2.3.5　文档属性设置窗口

若要给文档加密，则单击【文件】→单击选择【文档加密】→选择【密码加密】，打开【密码加密】对话框 (如图 2.3.6 所示)→为文档设置打开权限和编辑权限→单击【应用】按钮，完成属性及密码设置。

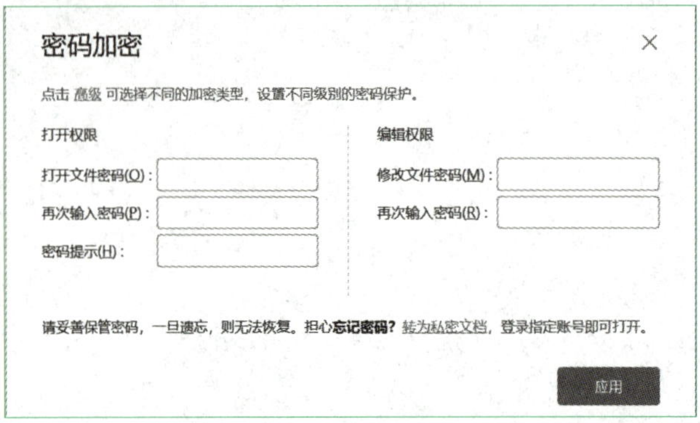

◆ 图 2.3.6 【密码加密】窗口

2) 样式设置

为了便于排版，"毕业综合设计排版素材"中黄色为一级标题、红色为二级标题、蓝色为三级标题、绿色为四级标题。

(1) 应用系统样式。打开"毕业综合设计排版素材"→单击【样式】快捷方式右下角的展开按钮 (如图 2.3.7 所示)→打开【预设样式】窗口 (如图 2.3.8 所示)→单击选择【显示更多样式】(如图 2.3.9 所示)→打开【样式和格式】设置窗口 (如图 2.3.10 所示)→选中黄色文字"综合实训任务书"，单击选择【标题 1】，如图 2.3.10 所示，则系统的标题 1样式被应用。

◆ 图 2.3.7 【样式】快捷窗口

◆ 图 2.3.8 预设样式

◆ 图 2.3.9　预设样式窗口

◆ 图 2.3.10　【样式和格式】设置窗口

操作提示： 若在文档中要应用预设样式，则先选中要应用样式的文字，在样式快捷窗口 (如图 2.3.7 所示，单击窗口右边上下选择按钮可查看更多样式) 单击选择预设样式即可应用相关样式。

操作提示： 如果要对样式进行高级设置，则可进入【样式和格式】设置窗口，如图 2.3.10 所示。单击【所有样式】可将系统预设样式和自定义样式全部显示在窗口；如果要新建样式，则可在窗口中单击【新样式】，创建自定义样式，自定义样式将自动保存在系统中，可多次使用；如果要删除应用的样式，则先选中应用样式的文字，然后单击【清除格式】，样式即可清除。

(2) 修改样式。在【样式和格式】窗口中单击【标题 1】右边的展开按钮→单击选择【修改】，打开【修改样式】窗口 (如图 2.3.11 所示) →单击左下角【格式】右边的展开按钮，打开格式设置选择下拉菜单→单击选择【字体】，打开样式【字体】设置窗口 (如图 2.3.12 所示) →在【字体】设置窗口中设置字体为宋体，字形为加粗，字号为二号 (如图 2.3.12 所示) →单击【确定】按钮完成样式字体的修改→用类似方法单击选择【格式】→选择【段落】，在样式【段落】设置窗口设置对齐方式为居中对齐，行距为多倍行距 2.5 倍→单击【确定】按钮完成【标题 1】样式的修改。可用类似方法进行【标题 2】、【标题 3】样式的修改 (本任务中标题 2、标题 3 样式不用修改，使用默认样式)。

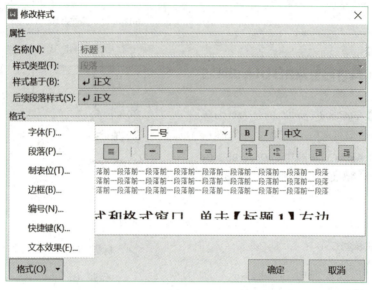

◆ 图 2.3.11 【修改样式】窗口

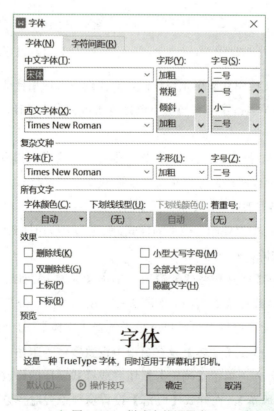

◆ 图 2.3.12 样式字体设置窗口

(3) 添加多级编号。

① 为标题 1 添加多级编号。在【样式和格式】设置窗口中单击【标题 1】右边的展示按钮→单击【修改】，打开【修改样式】窗口→在【修改样式】窗口中单击选中居中对齐格式 (如图 2.3.13 所示) →单击【格式】展开按钮→单击选择【编号】，打开【项目符号和编号】选项卡→单击选择【多级编号】(如图 2.3.14 所示) →单击选中最后一个样式 (如图 2.3.14 所示) →单击【自定义】按钮，打开【自定义多级编号列表】窗口 (如图 2.3.15 所示) →在【级别】中单击选择【1】，将【编号格式】的【章】改为【部分】，编号样式用默认【一、二、三】，起始编号【1】，→单击【高级】按钮，打开样式高级设置，设置编号位置【居中】，对齐位置【0】→【编号之后】选择【制表位】，缩进位置【0.8】厘米 (如图 2.3.16 所示) →单击【确定】按钮，完成对标题 1 编号的修改→分别按顺序选中黄色的标题 1，单击【标题 1】应用多级编号，则所有黄色字体的内容按顺序变为统一格式的一级标题。

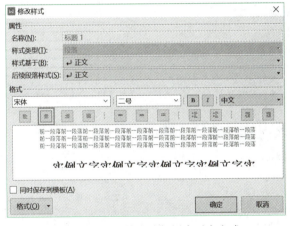

◆ 图 2.3.13　单击选择居中对齐方式

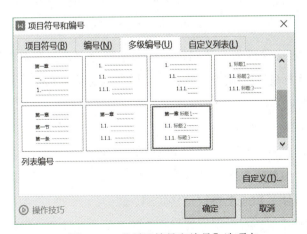

◆ 图 2.3.14　【项目符号和编号】选项卡

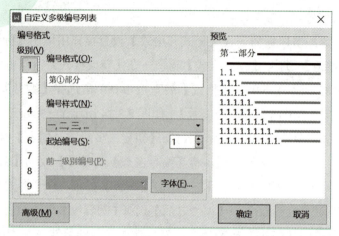

◆ 图2.3.15 【自定义多级编号列表】窗口

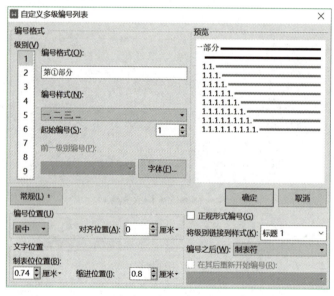

◆ 图2.3.16 多级编号高级设置

② 为标题 2 添加多级编号。分别按顺序选中红色字体的二级标题→在【样式和格式】设置窗口单击【标题 2】，则所有红色字体的二级标题应用了系统的二级标题样式并且按章节、按顺序自动添加了序号。

操作提示：在应用样式中，也可使用格式刷🖌，当一级标题的第一个样式应用后，用鼠标选中已应用样式的文字，单击格式刷🖌，再到下一个要应用的文字上拖动鼠标，即可应用到该样式。如果要多次使用格式刷，则可以双击格式刷，即可多次应用，如果要取消格式刷状态，则按【Esc】键取消格式刷。

③ 为标题 3 添加多级编号。用设置标题 2 的类似方法设置三级标题的序号。

④ 为标题 4 添加多级编号。用设置标题 2 的类似方法设置四级标题的序号。

⑤ 查看章节导航。完成各级标题设置后，可以通过章节导航查看文档结构。单击【章节】→【章节导航】→【目录】圄，可以查看文档目录结构。有四级标题的论文文档结构完成后的效果如图 2.3.17 所示。

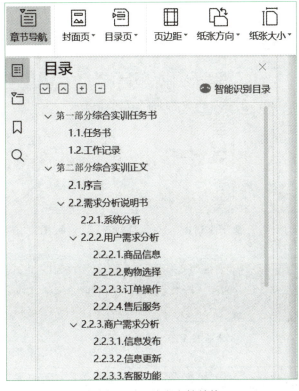

◆ 图2.3.17　论文文档结构

3) 添加分节符

使用分节符将文档根据需要"分割"成不同的部分，为每一部分设置不同的页眉、页脚等页面布局。根据毕业综合设计内容需要，可将文档分为封面、目录、第一部分、第二部分和第三部分。在文档第一部分和第二部分末尾分别插入分节符。

将光标置于第一部分"工作记录表"下一行空格处→单击【页面布局】→单击【分隔符】右边的展示按钮，打开分隔符选项下拉菜单(如图 2.3.18 所示)→单击选择【下一页分节符】，则光标自动跳转至下一页，并在原位置出现分节符的标志。若未看到分节符标志，则可单击【显示/隐藏段落标记】↵。用同样的方法在"第二部分"末尾插入分节符。

操作提示：分隔符中的分页符只实现分页，没有"节"的功能，如果一页文档内容已结束，但需要直接转入下一页，则可在内容结束的地方插入分页符；分栏是 WPS 文字排版的灵活应用，如果要将一大段文字用两栏或多栏显示，则会使文档排版有变化。要将如图 2.3.19 所示的文字分两栏显示可选中文字→单击【页面布局】→单击【分栏】右边的展开按钮，打开分栏选择下拉菜单（如图 2.3.20 所示）→单击【更多分栏】，设置栏数为 2，勾选【分隔线】，勾选【栏宽相等】（如图 2.3.21 所示）→单击【确定】按钮，效果如图 2.3.22 所示。

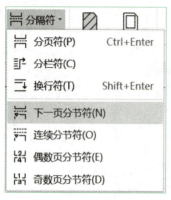

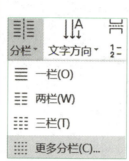

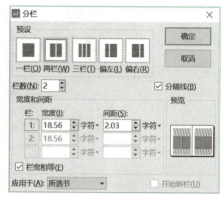

◆ 图2.3.18　分隔符选择　　◆ 图2.3.20　分栏下拉菜单　　◆ 图2.3.21　分栏格式设置

　　使用分节符将文档根据需要"分割"成不同的部分，为每一部分设置不同的页眉、页脚等页面布局。根据毕业综合设计内容需要，可将文档分为封面、目录、第一部分、第二部分、第三部分。我们在文档第一部分和第二部分末尾分别插入分节符。

◆ 图 2.3.19　需要分栏的内容

　　使用分节符将文档根据需要"分割"成不同的部分，为每一部分设置不同的页眉、页脚等页面布局。根据毕业综合设计内容需要，可将文档分为封面、目录、第一部分、第二部分、第三部分。我们在文档第一部分和第二部分末尾分别插入分节符。

◆ 图 2.3.22　分栏效果

4) 插入自动目录

当文档应用了标题样式，形成文档结构，就可以直接插入自动目录。

(1) 在标题 1"第一部分综合实训任务书"前插入空行。

操作提示：文档首行设置为标题 1 样式后无法直接插入目录等其他内容，可先将已设为标题一的"第一部分综合实训任务书"重新设置为无样式。选中"综合实训任务书"文字→在样式快捷方式窗口单击【正文】样式（或者用格式刷刷正文，再刷"综合实训任务书"）→在"综合实训任务书"前单击回车键，插入了空行→选中"综合实训任务书"，单击样式【标题 1】

高级排版1

重新设回一级标题。

(2) 插入自动目录。在插入的空行输入文字"目录"，设置字体为宋体、小一、加粗，字符间距为加宽 1 厘米，居中，段前、段后各 1 行→单击【引用】→单击【目录】右边的展开按钮，打开智能目录设置窗口 (如图 2.3.23 所示) →单击【自定义目录】→勾选显示页码、页码右对齐、使用超链接→【显示级别】设置为 4，其他默认 (如图 2.3.24 所示) →单击【确定】按钮。

◆ 图2.3.23　智能目录

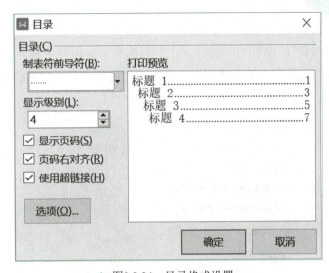

◆ 图2.3.24　目录格式设置

插入目录后可选中目录文字进行字体段落设置，将一级标题字体大小设置为小四，加粗，目录行距设置为 1.2 倍，设置后的效果如图 2.3.25 所示。

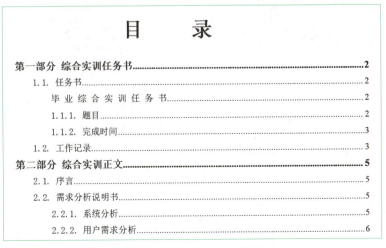

高级排版2

◆ 图2.3.25　自动目录效果

4. 页眉页脚设计

1) 插入页眉

将光标置于第一部分正文页→单击【章节】→单击【页眉页脚】右下角的展开按钮，打开【页眉/页脚设置】选项卡（如图2.3.26所示）→勾选【奇偶页不同】，勾选【显示页眉横线】，不勾选【页眉/页脚同前节】，【页码】选择【页脚中间】→单击【确定】按钮。

单击【页眉页脚】□按钮，则进入页眉页脚编辑状态，这时文档正文部分显示为灰色不可编辑状态→单击【页眉横线】右下角的展开按钮，打开页眉横线下拉菜单，单击选择上粗下细双横线（如图2.3.27所示）→在页眉单数页编辑栏中输入"×××毕业综合实训"，设置为右对齐→在页眉偶数页编辑栏中输入"第一部分综合实训任务书"，设置为左对齐→单击【关闭】按钮，完成第一节页眉页脚设置。

◆ 图2.3.26　页眉/页脚选项设置选项卡　　　　◆ 图2.3.27　页眉横线选择

将光标置于第二部分正文页→单击【章节】→单击【页眉页脚】右下角的展开按钮，打开【页眉/页脚设置】窗口→勾选【奇偶页不同】，勾选【显示页眉横线】，不勾选【页眉/页脚同前节】→【页码】选择【页脚中间】→单击【确定】按钮。

单击【页眉页脚】□按钮，进入页眉页脚编辑状态，在页眉单数页编辑栏中输入"×××毕业综合实训"，设置为右对齐→在页眉偶数页编辑栏中输入"第二部分综合实训正文"，设置为左对齐→单击【关闭】按钮，完成第二部分页眉页脚设置。

用同样的方法设置第三部分页眉。

2) 插入页码

将光标置于第一部分正文页→单击【章节】→单击【页码】⊞右下角的三角形展开页码预设样式对话框→单击【页码】,在【页码】设置对话框中选择样式【-1-】,应用范围设置为【本页及之后】(如图 2.3.28 所示)→单击【确定】按钮,完成页码设置。

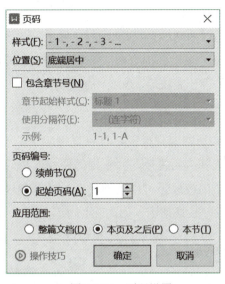

◆ 图 2.3.28　页码设置

任务 2.4　篮球社招新海报制作

任务情境

伟健同学是团委篮球社的社长,今年篮球社招生由他来策划,为了拓展招新宣传渠道,提升篮球社的影响力,他想通过微信发布招新宣传海报。用 WPS 制作手机版的招新海报对伟健同学有难度,他不知道使用 WPS 文字是否能达到招新宣传广告的设计效果。

高级排版3

任务分析

国产的 WPS 不仅功能强大,而且能不断适应新时代、新媒体、新技术的发展需求并持续创新发展。新版的 WPS 新增了"金山海报"功能,金山海报不仅提供了强大的海报设计功能,还可根据需要设计 PC 版、手机版的海报。金山海报提供了丰富的模板、背景、图片等资源而且使用操作简单方便。

相关知识点

1. 金山海报

金山海报是 WPS 全新推出的办公组件，用户在 WPS 主操作界面上可以直接完成创意图片设计。创客贴是与金山软件合作的专业在线作图工具，可为 WPS 用户提供海量精美的图片设计模板，它有超过 8000 万版权的素材，涵盖两百余种使用场景，能够全面覆盖用户的创意设计需求。每一个模板都可在线编辑，文字、图片、素材皆可修改，可轻松完成在线海报设计制作，设计完成后，支持一键下载。

2. 海报模板

金山海报提供了丰富实用的海报模板，可以直接应用，WPS 会及时更新模板资源。用户可在【推荐模板】栏选择应用模板，并根据需要修改相应文字或对模板做小的调整就可做出漂亮的海报，大量的模板还可用关键字通过【搜索模板】进行搜索，可以收藏自己喜欢、常用的模板，方便长期使用，如图 2.4.1 所示。

◆ 图 2.4.1　海报模板界面

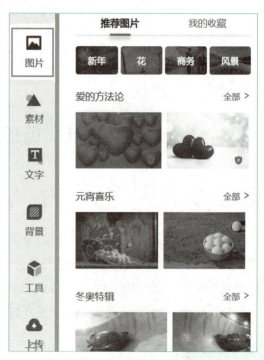

◆ 图 2.4.2　海报图片界面

3. 海报图片

为了设计出精美的海报，金山提供了适合海报制作的海量专业图片以便用户选择应用（部分图片只提供给注册用户）。根据节令和社会热点提供最新图片是金山海报最大的特点之一，例如在春节、冬奥会期间金山海报就会将相关图片放在首页，以供用户选用，大量图片可通过关键字在"图片搜索"中查找，如图 2.4.2 所示。

4. 海报素材

金山海报为设计者提供了多种设计素材，包括形状、线条、箭头、插图、图片容器、文字容器、图标、图表、免抠素材等，丰富的海报素材使用户的设计更轻松、更专业，如图 2.4.3 所示。

◆ 图 2.4.3　海报素材　　　　　　　　◆ 图 2.4.4　海报文字

5. 海报文字

金山海报为文字提供了不同的样式，有标题文字、副标题文字、正文文字，此外，丰富、漂亮、具有创意的艺术字也为设计者带来极大的方便，用户可将海报提供的艺术字插入，根据需要修改文字内容即可，如图 2.4.4 所示。

6. 海报背景

海报背景为设计者提供了操作简单、实用的纯色背景色以及复古国风、纹理质感、创意渐变、商务科技、中国红、手绘卡通、电商促销、扁平几何等多种背景主题以供设计者使用，另外还为用户提供了【自定义背景】，如图 2.4.5 所示。

7. 金山工具

金山工具提供了图表、二维码、表格等，图表为用户提供了可直接插入使用的各类饼图、柱状图、折线图、雷达图等常用图表，用户直接单击插入并根据需要调整位置大小即可。二维码工具为用户提供了简单易用的二维码方法，用户提供相应网址即可制作二维码。表格则为用户提供了模板丰富的表格，单击插入表格后，调整大小，在单元格中输入文字即可，金山工具如图 2.4.6 所示。

◆ 图 2.4.5　海报背景　　　　　　　◆ 图 2.4.6　金山工具

8. 文本样式

样式是一组已命名的字符格式或段落格式。可以把样式应用于一个段落或者段落中选定的字符中，按照样式定义的格式，能批量地完成段落或字符格式的设置。样式分为字符样式和段落样式或内置样式和自定义样式。

9. 图片格式

图片格式是计算机存储图片的格式，常见的存储的格式有 bmp、jpg、png、tif、gif、pcx、tga、exif、fpx、svg、psd、cdr、pcd、dxf、ufo、eps、ai、raw、WMF、webp、avif、apng 等。

10. GIF 图形格式

GIF 图形格式是一种基于 LZW 算法的连续色调的有损压缩格式。几乎所有相关软件都支持它，GIF 图像文件的数据是经过压缩的。GIF 格式的另一个特点是在一个 GIF文件中可以存多幅彩色图像，如果把存于一个文件中的多幅图像数据逐幅读出并显示到屏幕上，就可构成一种最简单的动画。

11. JPEG 格式

JPEG 联合照片专家组，文件后缀名为"．jpg"或"．jpeg"，是最常用的图像文件格式，是一种有损压缩格式，是目前网络上最流行的图像格式，是可以把文件压缩到最小的格式，各类浏览器均支持 JPEG 这种图像格式，因为 JPEG 格式的文件尺寸较小，下载速度快。

12. PSD 格式

PhotoShopDocument(PSD) 是 Photoshop 图像处理软件的专用文件格式，文件扩展名是．psd，可以支持图层、通道、蒙板和不同色彩模式的各种图像特征，是一种非压缩的原始文件保存格式。在图像处理中对于尚未制作完成的图像，选用 PSD 格式保存是最佳的选择。

✖ 任务实施

1. 分析篮球社招新海报要求

篮球社招新海报要求如下：

(1) 篮球社招新海报通过手机发布，海报版面及内容设计要适合手机发布与传播。

(2) 色调及色彩设计。篮球社招新海报设计在色调选择上要体现出阳光、动态、激情，可以使用青春化的卡通形象，色彩简单明快，也可以使用写实的、深色的、具有动感的图片，但无论使用哪种，背景、文字、图片的色彩搭配都要协调。

(3) 动态效果。篮球社招新海报要充分利用新媒体的优势，通过丰富的图片及艺术字组合展示篮球运动的魅力，使用 GIF 图形格式使招新海报具有动感。为了设计好招新海报，需要围绕篮球主题搜集整理相关图片。

2. 海报设计

1) 新建画布

画布是一个用于进行平面设计的矩形区域，可以在画布内进行图形、图像、文字、背景等的设计操作，设计完成后可以将画布内容保存为一个文件。画布大小可以根据需要进行选择。

双击桌面上的 WPS 启动图标▨→单击【新建】按钮⊕→单击【新建设计】(如图 2.4.7 所示) →单击【新建空白设计】(如果不需要画布，则可直接单击选择【手机海报】) 打开画布大小设计窗口 (如图 2.4.8 所示) →在打开的窗口【常规尺寸】中单击选择【移动端】→单击选择【IPhone7】→单击【创建设计】按钮，新建一个空白画布，如图 2.4.9 所示。如果要调整画面大小，则可单击【尺寸调整】重新选择画布大小，或者单击尺寸调整左右两边的【+】、【-】调整窗口大小，右下角为效果预览窗口，可即时看到海报设计效果。

◆ 图2.4.7　新建设计窗口

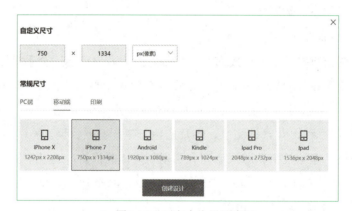

◆ 图2.4.8　画布大小设计窗口

◆ 图2.4.9　海报画布窗口

2) 设计背景

单击【图片】选项卡→【搜索图片】→输入"篮球"→【搜索】→单击任意一张图片插入到窗口→单击选中插入的图片，在弹窗中单击【换图】，在打开的查找文件对话框中找到"姚明.jpg"文件→单击【打开】按钮，将原插入的图替换为姚明的图片，调整图片的大小和位置，将图设置为背景，如图 2.4.10 所示。

◆ 图2.4.10　插入模板的设计图

3) 插入效果图

插入效果图包括以下几部分内容。

(1) 插入学校 Logo。在【图片】选项卡中单击插入任一图片→单击选中插入的图片→在弹窗中单击【换图】，在打开的查找文件对话框中找到学校 Logo 图→选中要插入的"校徽.png"→单击【打开】按钮，即可替换 Logo 图→调整图片的大小及位置。

(2) 插入 GIF 动图。为了使海报有动感、有活力，可插入卡通篮球 GIF 动图，使用同"插入学校 Logo"类似的方法插入卡通篮球动图，调整图片的大小及位置。

(3) 插入标题文字。单击【点击添加标题文字】，在设计窗口中插入了一个文本框→双击文本框输入"篮球招新"→选中文字→单击【字体】右边的下拉菜单，打开字体选择窗口→选择窗口→单击选择【中文】→单击选择【站酷快乐体(新)】(如图 2.4.11 所示)→单击【字体大小】右边的下拉菜单，打开字体大小选择窗口→单击选择【88】→单击【特效】按钮打开特效设置选项卡→单击【字体特效】ㄒ右边的展开按钮，打开字体特效选择窗口→单击选择【嵌入】则应用了样式，如图 2.4.12 所示。

◆ 图2.4.11　字体选择窗口　　　　　　◆ 图2.4.12　字体特效选择

　　(4) 插入预设排版。金山海报中要插入不同字体样式、段落样式的文字可使用三种方法。第一种是在文字栏中单击【点击添加标题文字】等，根据设计需要输入文字，该方法的特点是可以根据需要输入简洁的文本；第二种是在文字栏中单击文字模板，在模板中修改文字，该方法的特点是模板丰富、字体优美；第三种是在工具栏中插入"预设排版"，可以在预设排版中将模板文字修改为需要输入的文字，该方法的特点是表格模板漂亮，可以输入规范的文字。

　　单击【文字】→在文字模板中找到"今日新闻 TOP3"→单击插入文字模板→双击文本框，修改文本，修改后的效果如图 2.4.13 所示。

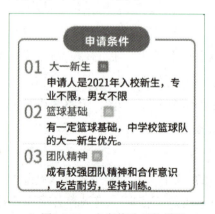

◆ 图2.4.13　文字修改后的模板

操作提示： 在金山海报中有多种可使用的预设模板，如图 2.4.14 所示。用户可以选择适合的模板插入修改文字即可。如果要做高级应用，则可选中插入的模板，右击，选择【取消组合】。因模板处于组合状态时无法进行修改，取消组合后，可以对模板的各个元素进行单独调整，重新设计，可以对模板的背景颜色，对文字、文本框等进行重新设计，最后再重新组合。

（5）插入二维码。单击【文字】→在文字设计模板中找到带有二维码图的模板→单击插入模板→选中模板→双击模板中的文字，修改相关文字→调整模板大小及位置→右击→【取消组合】→单击选中模板中的二维码图片，删除原二维码→单击【工具】→单击【二维码】→单击选中第一个二维码图，打开如图 2.4.15 所示的二维码设计窗口，在【网络链接】中输入链接地址，单击【保存并使用】即可生成二维码图，调整二维码图大小，并将二维码图放在原二维码图的地方。

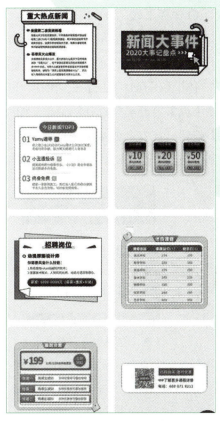

◆ 图 2.4.14　预设模板

◆ 图 2.4.15　二维码设计窗口

(6) 保存下载。金山海报可以将设计结果图导出到计算机和手机上。手机导出文件类型有 PNG、JPG、GIF(如果设计中应用了 GIF 动图)等格式,而计算机导出文件类型除以上的格式外还有 PDF 印刷格式,主要应用于大型打印效果。

单击【保存并下载】右边的展开按钮,打开保存方式(如图 2.4.16 所示)→单击【下载到手机】,打开类型选择对话框(如图 2.4.17 所示)→选择文件类型【GIF】→单击【下载】按钮→在打开的页面中用手机扫二维码即可将设计结果图下载到手机上,选择【下载到电脑】,则设计结果图会直接下载保存到电脑上,最终效果如图 2.4.18 所示。

◆ 图2.4.16 保存方式

2-7 海报制作

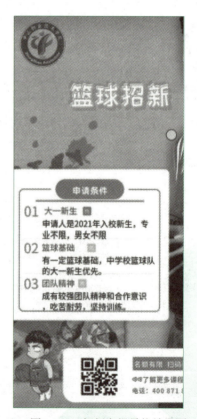

◆ 图2.4.17 文字保存类型选择   ◆ 图2.4.18 招新海报最终效果图

1. 用金山海报制作一个团委迎新晚会的海报。

2. 用金山海报制作一个母亲节贺卡。

任务2.5　工作牌制作

任务情境

学校团委要为工作人员制作工作牌，内容包括工作人员编号、姓名、部门、职位、备注（注明是否是老师），另外还要插入工作人员的照片，添加学校 Logo。团委提供了一张工作人员基本信息电子表格，也提供了每个工作人员的照片，但照片大小、格式都不相同，照片编号也不统一。

任务分析

学校团委有工作人员 40 人，如果要在较短的时间内快速批量制作工作牌，则需要使用邮件合并功能来实现，邮件合并是通过源数据来快速批量制作格式相同的文档的有效方法。邮件合并不仅能批量制作工作牌，还可批量制作信件、请柬、生日贺卡、工资条、学生成绩单等。

相关知识点

1. 邮件合并的功能

在 WPS 软件中邮件合并具有批量处理的功能。在 WPS 中，先建立两个文档：一个是包括所有文件共有内容的主文档（比如未填写的单位、姓名等），另一个是包括变化信息的数据源 WPS 表格或 WPS 文字（填写的收件人、发件人、邮编等），然后使用邮件合并功能在主文档中插入变化的信息。用户可以将合成后的文件保存为 WPS 文档，也可以将其打印出来，还可以将其以邮件形式发出去。

应用领域：批量制作信封；批量制作信件、请柬；批量制作工资条；批量制作个人简历；批量制作学生成绩单；批量设计各类获奖证书；批量设计准考证、明信片、信封等个人报表。

2. 邮件合并的步骤

邮件合并一般分为五个步骤：① 准备数据源，数据源可以是 Excel 工作表，也可以是 Access 文件，还可以是 MS SQL Server 数据库，只要能够被 SQL 语句操作控制的数据皆可作为数据源，数据源是要在主文件中显示的数据或文字；② 准备模板，模板文件就是即将输出的界面模板，在模板文件中为需要从数据源插入的数据留出空格或用下画线标出；③ 打开数据源；④ 插入数据域；⑤ 完成合并形成新文档。

✕ 任务实施

1. 建立主文档——设计工作牌模板

为了使工作牌文字、照片、Logo 排列整齐规范，本任务使用表格完成主文档的建立。

1) 新建文档并插入表格

新建名为"电子工作牌"的文档，在新建文档中单击【插入】→单击【表格】，插入 6 行 3 列的表格。

2) 插入 Logo 图

将光标放在表格的第一个单元格中，单击【插入】→单击【图片】→在图片插入对话框中单击【本地图片】→在插入对话框中选中要插入的图片"学校 LOGO.png"→单击【插入】→单击选中插入的图片，在段落设置栏中单击右对齐按钮 ≡，将学校 Logo 图片设置为右对齐，如图 2.5.1 所示。

3) 设置单元格对齐方式

选中第一列其余的单元格→设置字体为华文楷体，字号为 5 号→单击【表格工具】→单击对齐方式 ⊞ 右下角的展开按钮，打开对齐方式下拉菜单 (如图 2.5.2 所示) →单击选择【靠下居中对齐】→在单元格中分别输入员工号等文字。

4) 合并单元格

选中表格第 3 列→右击→选择【合并单元格】，效果如图 2.5.1 所示。

◆ 图2.5.1 插入Logo及文本

◆ 图 2.5.2　单元格对齐方式

5) 设置单元格高度

　　将光标移至表格的左上角，当出现 ⊞ 时单击选中表格→右击→单击【表格属性】，打开【表格属性】设置窗口→单击【表格】选项卡→勾选【指定宽度】，将表格宽度设定为 8.5 厘米 (如图 2.5.3 所示) →将光标置于 Logo 图片单元格→单击【表格属性】→单击【行】选项卡→勾选【指定高度】，将第 1 行的高度设置为 1.6 厘米→单击【下一行】→勾选【指定高度】，将第 2 行的高度设置为 0.6 厘米，如图 2.5.4 所示，用同样的方法将 3 ～ 6 行的高度设置为 0.6 厘米 (也可直接选中 2 ～ 6 行设置行高为 0.6 厘米)。

6) 设置表格边框

　　选中表格→右击→单击【表格属性】→单击【表格】选项卡→单击【边框和底纹】按钮→单击选择【边框】选项卡，在【边框和底纹】对话框中单击内横线和内竖线，取消表格内线 (如图 2.5.5 所示) →单击【确定】按钮，设置后的效果如图 2.5.6 所示。

◆ 图2.5.3　设置表格宽度

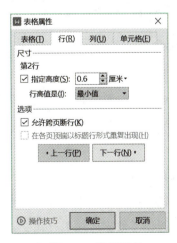

◆ 图2.5.4　设置行高

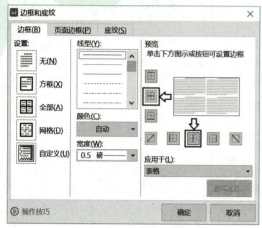

◆ 图2.5.5　设置表格线条　　　　　　　◆ 图2.5.6　设置效果

7) 设置虚线

选中第 2 列第 2 ～ 6 行单元格→右击→单击【表格属性】→选择【表格】选项卡→单击【边框和底纹】按钮→单击选择【边框】选项卡，在【线型】下拉框中选择虚线，在【预览】窗口中单击中间横线、中间竖线选择按钮 (如图 2.5.5 所示) →单击【确定】按钮，完成虚线设置。

邮件合并1

2. 准备数据源——设计电子表格

根据制作工作牌需要的工作人员信息新建电子表格"团委工作人员信息表"，将员工号、姓名、部门、职位、照片、备注等信息输入 Excel 表格或 WPS 文字表格中。为了保证照片和工作人员一一对应，可以将照片命名为对应员工的员工号。将工作人员的照片集中放在"照片"文件夹中备用。

3. 邮件合并

1) 打开数据源

打开"电子工作牌"文档，单击【引用】→【邮件】✉→【打开数据源】，在【选取数据源】对话框中选择"团委工作人员信息表"，单击【确定】按钮，完成打开数据源的操作。

2) 插入数据域

将光标置于员工号右边的空单元格中→单击【插入合并域】→在【插入域】对话选项卡中单击选择【数据库域】→单击选择【员工号】→单击【插入】，如图 2.5.7 所示。用同样的方法插入姓名、部门、职位等域，如图 2.5.8 所示。

◆ 图2.5.7　插入域选项卡

◆ 图2.5.8　插入域后的效果

3) 查看插入数据

单击【查看合并数据】可看到插入的数据→单击【下一条】可翻页查看插入数据。

4) 插入照片

插入照片的步骤如下：

(1) 将光标放在"照片"单元格中→单击【插入】→单击【文档部件】→单击选择【域】→单击【插入图片】→在右侧【高级域属性】的【域代码】中输入照片路径→单击【确定】按钮。注意：域代码中已有的单词不要删除，路径用英文半角双引号括住，举例说明，如果名称为"20210101"的照片保存在 D 盘下的"照片"文件夹中，则照片的路径为"D:\\ 照片 \\20210101.png"，如图 2.5.9 所示。

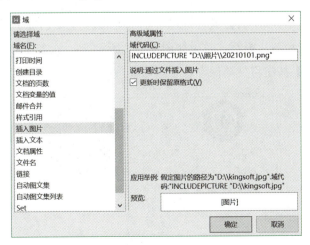

◆ 图 2.5.9　输入图片路径

(2) 插入好图片域后，按【Fn+Alt+F9】(或【Alt+F9】) 组合键显示域代码。将照片路径 (含引号) 删除，如图 2.5.10 所示。

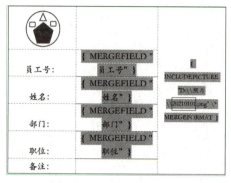

◆ 图2.5.10　删除照片路径

(3) 光标放在删除路径后的位置，单击【引用】→单击【邮件】→单击【插入合并域】选择【照片】→【插入】，如图 2.5.11 所示。

◆ 图2.5.11　插入合并域

(4) 按【Fn+Alt+F9】(或【Alt+F9】) 组合键显示域照片插入效果。

(5) 单击【合并到新文档】，将新建一个有 40 个页面的新文档。

(6) 在新文档中按【Ctrl+A】组合键选中全部内容，再按【Fn+F9】(或【F9】) 对页面刷新，则所有文字和图片更新，效果如图 2.5.12 所示。

(7) 单击【保存】按钮将文档保存。

邮件合并2

◆ 图2.5.12　插入图片效果

1. 中山职业技术学院召开校企合作大会，邀请企业领导及代表参会，学校团委参与了部分会务工作。团委接到任务，需要根据中山职业技术学院校企合作名单制作 128 份邀请函，学校办公室提供了校企合作企业人员名单，同时提供了邀请函初稿。

会务组对邀请函制作提出了要求：①修改邀请函文档格式，邀请函标题用小一华文楷体，加粗，居中，段前段后各 1 行，正文首行缩进 2 个字符，文本用宋体，数字用 Times New Roman，发函单位及时间居右；②因会议准备时间有限，所以请于半小时内完成邀请函制作任务；③请用中文信封制作向导为每位嘉宾制作国内 B6-176X125 标准信封，请在信封右下角添加学校 LOGO。

邀请函初稿

邀 请 函

尊敬的 _____，为加强学校实践教学工作，促进校企合作交流，提升学校人才培养质量，中山职业技术学院定于 2018 年 3 月 29 日星期四，召开第二届校企合作大会，请您拨冗出席。

××职业技术学院
2022 年 3 月 28 日

2. 学校继续教育处每年要组织学生参加计算机水平考试及英语 AB 级考试，需要为每位考生制作准考证，请根据考生信息表制作准考证。

请根据"准考证"样板制作准考证主文档，要求：①首行宋体、小四、加粗，第二行华文隶书、小二、加粗，正文宋体、小四；②用 A4 纸打印，每张纸放置 6 个准考证，采用 3 行 ×2 列的排列方式；③每页文档设置页码，并在每页右下角显示准考证总数。

准考证制作完成后的效果如图 2.5.13 所示。

3. 教师节即将来临，学校准备为每位老师寄一份教师节贺卡，请根据教师通信录用 Word 为每位老师制作简单的贺卡。

4. 单位账务处需要批量制作打印工资条，请从电子表格调用数据，为每位员工打印工资条;请根据电子表格内容设计工资条内容，要求显示工号、姓名、工资薪点、基本工资、绩效工资、应发总计、应缴个税和实发工资。为节约纸张，每页打印 18 人的工资信息。

计算机技能证书考试	计算机技能证书考试
准 考 证	**准 考 证**
准考证号：04439135	准考证号：04439125
身份证号：440301xxxxabcd3001	身份证号：440301xxxxabcd3002
考生姓名：罗园园	考生姓名：潘剑
考试科目：计算机应用	考试科目：计算机应用
考试地点：第二考场	考试地点：第二考场
考试时间：上午 9:00	考试时间：上午 9:00
计算机技能证书考试	计算机技能证书考试
准 考 证	**准 考 证**
准考证号：04439133	准考证号：04439109
身份证号：440301xxxxabcd3003	身份证号：440301xxxxabcd3004
考生姓名：黄文雅	考生姓名：黄笑娟
考试科目：计算机应用	考试科目：计算机应用
考试地点：第一考场	考试地点：第一考场
考试时间：上午 9:00	考试时间：上午 9:00
计算机技能证书考试	计算机技能证书考试
准 考 证	**准 考 证**
准考证号：04439129	准考证号：04439112
身份证号：440301xxxxabcd3005	身份证号：440301xxxxabcd3006
考生姓名：黄施华	考生姓名：邱翠
考试科目：计算机应用	考试科目：计算机应用
考试地点：第一考场	考试地点：第三考场
考试时间：上午 9:00	考试时间：上午 9:00

准考证总数：6   第 1 页

◆ 图 2.5.13　准考证制作完成后的效果

第3单元　WPS数据表格处理

课程思政

国产软件的骄傲——WPS

　　早在 1988 年，金山公司创始人求伯君开发出了第一版的 WPS 1.0，从此开启了与美国微软 Office 软件在办公软件领域的抗衡。经过 30 多年的发展，WPS 打破了 Office 在电脑办公软件领域的垄断地位，成为世界办公软件中的佼佼者！WPS 在基本功能上与微软的类似，但是在用户界面交互对比、云储存、在线共享编辑、协同办公、应用拓展等功能上，WPS 显然更胜一筹。WPS 的发展是中国软件技术的一面旗帜，更是民族软件产业的骄傲！为国产软件点赞！请观看视频"国产软件的骄傲——WPS"。

国产软件的骄傲——WPS

任务 3.1　数据输入及存储

任务情境

　　学校团委为了加强青年志愿者的管理，需要收集他们的基本信息，用于制作电子化的基础数据信息表，基础信息包括学号、姓名、性别、籍贯、民族、政治面貌、出生日期等学生基本数据，另外还需要所属学院、专业、班级等信息。小王同学负责此事，她为了完成这个任务，开始了 WPS 表格学习之旅。

任务分析

　　目前团委新加入的青年志愿者有 60 人，已经收集了他们的纸质版资料，现需要使用 WPS 的表格功能新建文件，接着输入相关数据，数据分为文本类型、数字类型、日期类型等，输入整理完毕后保存成电子档。同时这些数据也需要打印出来用纸质版进行归档存储。

相关知识点

1. 工作簿

利用电子表格可以制作各种各样的数据报表，让数据一目了然，还可以对数据进行统计、分析、图形化展示等。电子表格文件称作工作簿，WPS 表格文件扩展名为 .et。为了兼容 Office Excel，文件也可保存为 .xlsx 或 .xls 格式，其中 .xls 类型文件兼容较低版本的 Office Excel。

工作簿的常用操作有：

(1) 新建工作簿。启动 WPS 软件，单击表示新建标签的"+"按钮，在选择表格选项后，新建空白表格，即可创建一个工作簿。工作簿内默认有一个工作表，名为"Sheet1"。

(2) 保存工作簿。单击菜单项【文件】→【保存】，选择保存路径，填写文件名，最后单击【保存】按钮完成工作簿的保存。

2. 工作表

工作表是显示在工作簿窗口中的表格，工作表的名字显示在工作簿文件窗口底部的标签里。一个工作表可以由行和列构成，行的编号从 1 开始，列的编号依次用字母 A、B ……表示，行号显示在工作簿窗口的左边，列号显示在工作簿窗口的上方。

工作表常用的操作有：

(1) 添加工作表。单击工作簿下方"Sheet1"右侧的"+"按钮即可添加工作表，默认名称为"Sheet2"，再次添加则自动命名为"Sheet3"。

(2) 工作表切换。单击工作表名即可完成切换。

(3) 工作表重命名。鼠标右键单击工作表名称，选择"重命名"，接着输入新名称，鼠标离开工作表名称处即修改成功。或者直接双击工作表名也可快速进入改名状态。

(4) 删除工作表。鼠标右键单击工作表名称，选择"删除工作表"即可。

3. 单元格

单元格是工作表中行与列的交叉部分，它是组成工作表的最小单位。单个数据的输入和修改都是在单元格中进行的，数据可以是一个字符串、一组数字、一个公式、一个图形或声音文件等。

每个单元格都有其固定的地址，简称单元格地址，如"B2"就代表了"B"列、第"2"行的单元格。同样，一个地址也唯一地表示一个单元格，如"A8"指的是"A"列与第"8"行交叉位置上的单元格。连续区域是将左上角单元格地址和右下角单元格地址用冒号连接，例如 A1:C3 表示 A1、A2、A3、B1、B2、B3、C1、C2、C3 共 9 个单元格。

单元格的常用操作有：

(1) 数据输入。先进入到需要编辑内容的工作表，单击目标单元格后即可输入数据，输入完成后单击其他单元格或单击地址栏右侧的"√"按钮即可。

(2) 格式的设置。选中单元格，单击鼠标右键选择【设置单元格格式】选项，即可打开设置窗口。

 任务实施

1. 新建、保存 WPS 表格文件

wps表格的
基本操作

1) 打开 WPS Office

单击【开始】按钮 ■ →【WPS Office】文件夹→【WPS Office】或桌面的【WPS Office】快捷方式打开 WPS Office 软件。

2) 新建工作簿

单击 WPS Office 顶部或左侧的新建标签【＋】按钮，选择【新建表格】→【新建空白表格】，即可创建工作簿，过程如图 3.1.1 所示，进入工作表工作界面，如图 3.1.2 所示。

◆ 图3.1.1　新建表格

◆ 图3.1.2　表格工作界面

3) 保存 WPS 文档

单击菜单【文件】→【保存】或通过工具栏的【保存】快捷方式图标,即可保存文件,如图 3.1.3 所示。

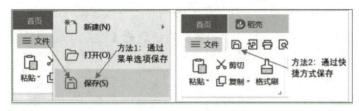

◆ 图3.1.3　文件保存方法

若是第一次保存文件,则会打开【保存】对话框(如图 3.1.4 所示)→输入文件名"志愿者信息表"→选择兼容文件类型"xlsx"→选择保存位置为桌面,单击【保存至本地】即可把文件保存在电脑桌面。

◆ 图3.1.4　文件【保存】对话框

如果想保存在其他位置,则单击菜单【文件】→【另存为】或单击图 3.1.4 左下角的【选择其他位置】打开"另存为"窗口。然后按照选择文件保存位置→输入文件名→选择文件类型→单击【保存】按钮的顺序,即可完成文件的保存任务,如图 3.1.5 所示。

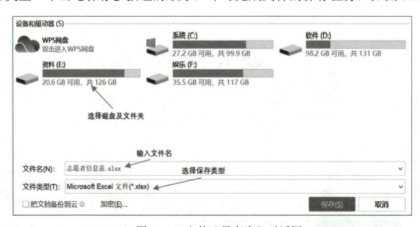

◆ 图3.1.5　文件"另存为"对话框

温馨提示：在表格的使用过程中，要经常保存已编辑好的数据，以防被误删无法恢复。

2. 工作表基础数据的输入

1) 修改工作表名称

双击窗口左下角的工作表名称"Sheet1"，或者对着"Sheet1"单击鼠标右键选择【重命名】后，变为蓝色背景白色字后即进入了工作表名称的编辑状态，输入新的工作表名"2022 年"。输入完毕，鼠标在其他任意位置单击即可完成改名操作。

2) 表格标题输入

鼠标单击 A1 单元格，进入输入状态，输入文字"2022 年青年志愿者基本信息表"。利用鼠标拖动选择 A1：L1 区域，单击【开始】→【合并居中】，完成单元格合并，如图 3.1.6 所示。合并单元格后，标题文字位于此区域的中间位置，即水平居中对齐。然后把鼠标定位在左侧行号名称 1、2 之间，当出现上下双方向的箭头时拖动鼠标，调整第一行的行高到合适大小。

◆ 图3.1.6　合并单元格

3) 数据列标题输入

在 A2:L2 区域的单元格中依次输入列标题：序号、学号、姓名、性别、籍贯、民族、政治面貌、所在学院、专业、班级、出生日期和综合评分。

调整列宽使所有的文字能正常显示，方法为：鼠标定位到要调整列的列号与下一列的列号之间的竖线处，当出现左右双方向的箭头时，拖动鼠标直至文字全部显示。

4) 单元格文字格式设置

可通过单击【开始】选项卡下的文字格式工具快捷方式图标设置文字格式，如图 3.1.7 所示，或者选中单元格，单击鼠标右键选择【设置单元格格式】，打开【字体】、【对齐】等窗口进行设置，如图 3.1.8 所示。

◆ 图3.1.7　设置文字格式和对齐方式

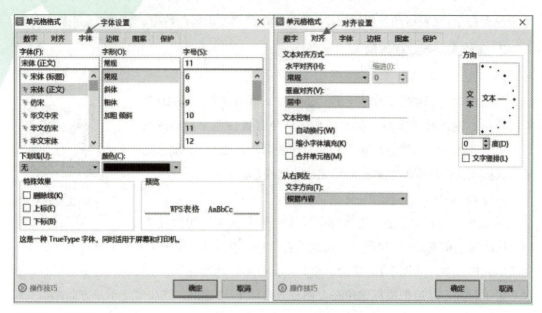

◆ 图3.1.8 【单元格格式】对话框

设置要求：标题"2022年青年志愿者基本信息表"设置为宋体、16号字、加粗。列标题设置为宋体、12号字、行居中，页面效果如图3.1.9所示。

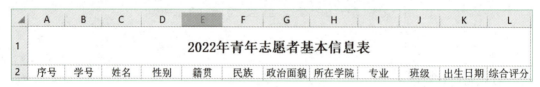

◆ 图3.1.9 标题效果

3. 输入志愿者基础数据

志愿者基础数据包含以下几种："姓名"与"籍贯"列的文本型数据，"学号"列的数字型文本，"序号"与"综合评分"列的数字型数据，"出生日期"列的日期型数据，"性别"与"政治面貌"列的需要进行有效性验证的数据。

数据输入——
基础数据输入

1) 文本型数据输入

中文或英文字符串、空格、各种符号等都属于文本型数据。本数据表的姓名、籍贯属于文本型数据。在C3单元格中输入姓名"钱飞飞"，E3中输入籍贯"广东湛江"。

B3单元格的学号在实际处理过程中被当作文本而不是数字，称作数字型文本，在输入时需要在数字前面加上单引号，如"'2180102101"，输入完成后在单元格左上角会出现一个绿色的小三角。注意：此处输入单引号时必须使用半角英文输入法。

数字型文本也可通过设置单元格格式的方式实现。选中要输入的单元格，右键打开单元格格式设置窗口，选中【数字】选项卡下的【文本】后，单击【确定】按钮，如图3.1.10 所示。返回到单元格直接输入数字"2180102101"。

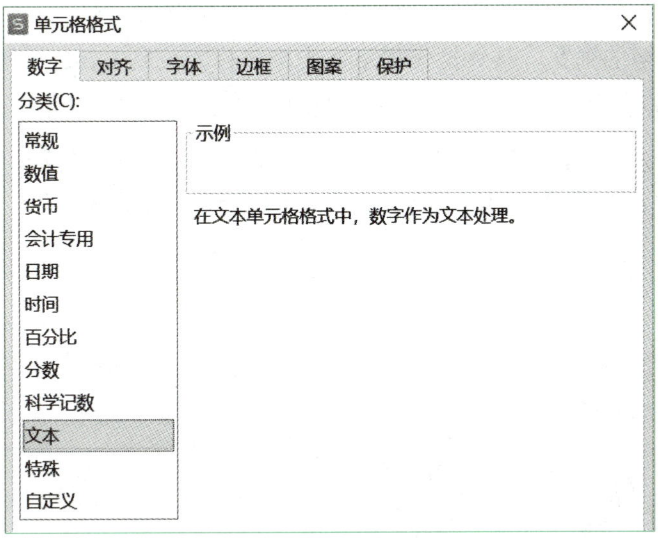

◆ 图3.1.10　设置单元格为文本

2) 数值型数据输入

除数字以外，日期、百分数、分数、科学计算和时间都是数值型数据。本数据表的综合评分为数字类型。在 L3 单元格中输入综合评分"84"。

设置数值格式为带一位小数点：选中 L3 单元格后单击右键，选择【设置单元格格式】，打开【单元格格式】窗口（如图 3.1.11 所示）→选择【数字】选项卡→【数值】，调整小数位数后，单击【确定】按钮。

◆ 图3.1.11　设置数字格式

3) 日期数据输入

日期也是一种数值，输入时有特殊的日期格式："2021 年 10 月 1 日""2021/10/1""2021-10-1"，通过【单元格格式】窗口可进行日期格式的设置。

在 K3 单元格中输入生日"2002/10/16"，若单元格宽度不够，则显示为 # 号串，这时需要调整单元格的列宽，具体操作如下：先把鼠标定位到 K、L 两列标的交界处，当鼠标变为左右双向的箭头时，按住鼠标向右拖动直到日期全显。

调整日期显示格式：打开【单元格格式】窗口，依次选择【数字】→【日期】，在【类型】中单击自己需要的日期格式，单击【确定】按钮完成操作，如图 3.1.12 所示。

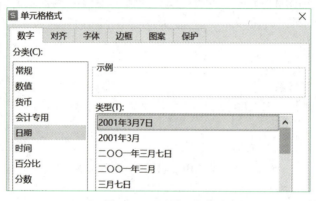

◆ 图3.1.12　设置日期格式

4) 序号列的数据填充

序号列为1、2、3、4等按顺序编号的数字，可以使用有序填充的方式快速完成输入。先在前两个序号单元格中输入序列起始数字，然后选中这两个单元格拖动填充柄。

在 A3 中输入 1，A4 中输入 2，选中 A3、A4 两个单元格，鼠标定位在 A4 单元格右下角，此时出现的黑色加粗"+"图标即为填充柄，如图 3.1.13 所示，拖动填充柄填充下面的单元格。

◆ 图3.1.13　填充柄

数据输入——
数据有效性验证

5) 数据的快速输入及有效性验证

本表格中的性别、民族、政治面貌列的数据有固定的数据范围，例如性别只有"男""女"两个值，这也意味着需要进行数据有效性验证，判断输入是否合法。这类数据输入时可使用快捷方法，例如用输入数字代替输入文本，或利用下拉选项方式选择输入，常用的实现方法有以下三种。

(1) 性别列数据输入。选择要录入性别的单元格区域，打开【单元格格式】窗口，选择【数字】→【自定义】，在类型输入框中输入"[=1]" 男 ";[=2]" 女 ""后回车，会把类型添加到自定义列表中，如图 3.1.14 所示，单击【确定】按钮。上述公式表示在单元格中输入"1"会自动变成"男",输入"2"会自动变成"女",输入其他数字也会变成"男"。回到性别单元格，输入"1"后自动转换为"男"。

◆ 图3.1.14　设置自定义格式

(2) 政治面貌列数据输入。政治面貌有团员、党员、群众三个选项，选中要录入政治面貌的单元格区域，通过常用工具选项卡【数据】→【有效性】→【有效性】，打开【数据有效性】窗口，如图 3.1.15 所示。选择【允许】为【序列】，【来源】为【党员，团员，群众】，单击【确定】按钮。注意：多个选项之间用英文半角输入法下的逗号隔开。

设置完成后，选中单元格会出现黑色三角形下拉图标，单击后出现选项，可进行选择。当输入非此序列的数据时，会出现错误提示。

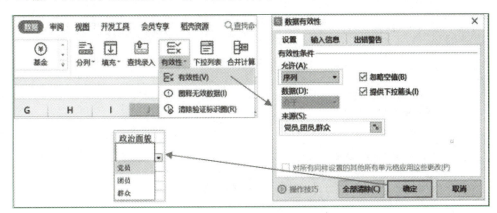

◆ 图3.1.15　设置数据有效性

(3) 民族列数据输入。从目前志愿者的数据中看出，只有汉族、苗族、满族、壮族和瑶族五个民族，所以这里只设置这五个民族选项，利用下拉列表法进行数据验证。选中要录入民族的单元格区域，通过常用工具选项卡【数据】→【下拉列表】打开下拉列表设置窗口，选择【手动添加下拉选项】，如图 3.1.16 所示。通过添加、删除、调整顺序等工具手动设置下拉选项。设置完成后，回到单元格，用下拉选项进行民族的输入。

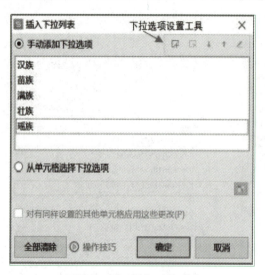

◆ 图3.1.16　插入下拉列表

下拉列表也可通过下面的方式实现：先在工作表非信息区域中（例如在 O2:O6 中）输入民族名称，然后打开【插入下拉列表】窗口，设置【从单元格选择下拉选项】，选择数据区域后单击【确定】按钮，如图 3.1.17 所示。设置完成后，单击列名"O"选中整列，单击右键选择【隐藏】，把 O 列隐藏。

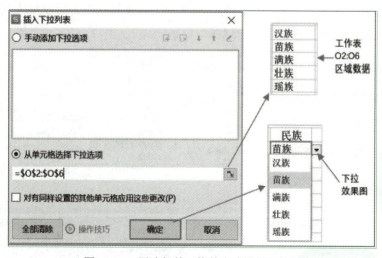

◆ 图3.1.17　用选择单元格的方式设置下拉列表

4. 级联数据的输入

志愿者所在学院、专业、班级这三列具有逐层关联关系，在进行数据输入时采用三层联动下拉菜单的方式进行。

数据输入——
关联层次数据

1) 准备三层关联数据

通过整理数据得到学院、专业、班级三者之间的关系图，如图 3.1.18 所示。新建一个工作表命名为"院生关系"，根据层级关系编辑此工作表内容，如图 3.1.19 所示，其中 A2:A4 为学院名称、B1:D3 为各学院的专业、E1:J3 为各专业的班级。

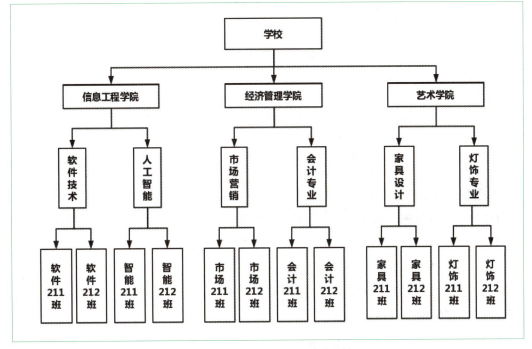

◆ 图3.1.18　数据的层次结构

◆ 图3.1.19　制作层级关系数据

2) 制作学院一级下拉菜单

在"2022 年"工作表中，选中要录入学院信息的单元格区域，用工具选项卡【数据】→【有效性】打开【数据有效性】设置窗口。有效性条件的【允许】处选择【序列】，【来源】选择"院生关系"工作表的表示学院数据的区域，为了后续的自动填充，这里采用绝对地址，即 \$A\$2:\$A\$4，如图 3.1.20 所示。设置完成后，所在学院处出现了下拉菜单。

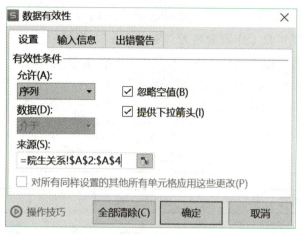

◆ 图3.1.20　制作学院数据下拉选项

3) 制作专业二级下拉菜单

制作专业二级下拉菜单的步骤如下：

(1) 选中专业数据，创建公式。选择"院生关系"工作表中的表示专业的数据，若出现不规则区域，则可用【Ctrl+ 鼠标左键】组合进行选中。注意：这里也需要选中学院名称单元格，即选中 B1:D3。

单击【公式】选项卡下的【指定】打开定义名称对话框【指定名称】。设置名称创建于首行，如图 3.1.21 所示。

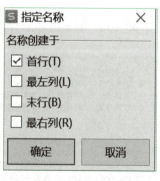

◆ 图3.1.21　创建公式

通过【公式】→【名称管理器】可以查看刚才创建的区域名称命名，如图 3.1.22 所示，在这里也可以进行编辑、删除等操作。

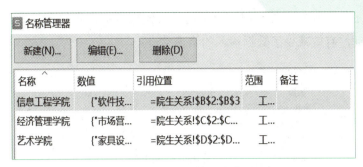

◆ 图3.1.22　管理公式

(2) 学院数据初始化。在"2022 年"工作表中，为第一行的学生选择学院，即为单元格 H3 任选一个选项。请务必进行此操作，否则后续提示出错，无法进行下一步。

(3) 设置专业数据。选中第一个要录入专业信息的单元格 I3，通过【数据】→【有效性】打开【数据有效性】设置窗口，有效性条件的【允许】设置为【序列】，数据【来源】处输入"=INDIRECT($H3)"（如图 3.1.23 所示），表示用 INDIRECT 函数动态引用一级学院名称单元格内容，显示出此学院下包括的专业。单击【确定】按钮后回到数据区域，专业单元格的下拉列表中出现了本行数据的学院下包括的专业名称。

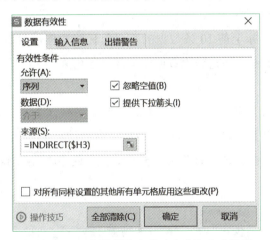

◆ 图3.1.23　根据学院名称动态获取专业数据

鼠标定位到单元格 I3，当出现填充柄时，下拉自动填充其他专业信息单元格，即可实现切换学院名称时专业名称下拉菜单的自动更新。

4) 制作班级名称三级下拉菜单

选择"院生关系"工作表中的表示班级的数据 E1:J3，利用【公式】→【指定】定义区域名称，具体方法参照二级菜单的制作步骤。

在"2022 年"工作表中，先选择 H3、I3 单元格的数据，然后选中第一个要录入班级信息的单元格 J3，打开数据验证窗口，在数据源处输入 INDIRECT 函数"=INDIRECT($I3)"，如图 3.1.24 所示，回到数据处利用填充柄进行其他班级单元格的自动填充。至此完成了数据的三级联动，有效减少了数据输入的错误率。

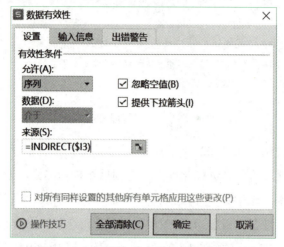

◆ 图3.1.24　根据专业名称动态获取班级数据

5. 数据的整理打印

1) 完成全部数据输入

参照前面的方法，补全前 10 条数据的空白单元格数据，设置对齐方式，适当调整行高、列宽等使数据能全部展现出来。

2) 设置边框效果

选中表格中 A2:L2 区域，通过右键【设置单元格格式】打开设置窗口，单击【边框】选项卡，通过外边框＋内部边框的组合，使得全部单元格都具有边框线，如图 3.1.25 所示。设置完成后工作表数据如图 3.1.26 所示。

数据整理与
打印预览

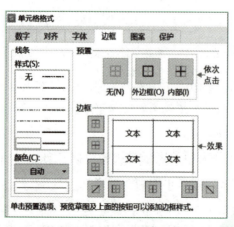

◆ 图3.1.25　设置边框

序号	学号	姓名	性别	籍贯	民族	政治面貌	所在学院	专业	班级	出生日期	综合评分
						2022年青年志愿者基本信息表					
1	2180102101	钱飞飞	男	广东湛江	汉族	团员	信息工程学院	软件技术	软件211班	2002年10月16日	84.0
2	2180102121	沈振康	男	河南信阳	瑶族	团员	经济管理学院	市场营销	市场212班	2003年7月13日	83.0
3	2180102123	钱莉	女	广东惠州	汉族	群众	艺术学院	灯饰专业	灯饰211班	2005年5月1日	96.0
4	2180102131	史逸	女	广东惠州	壮族	团员	信息工程学院	人工智能	智能212班	2003年11月9日	81.0
5	2180107138	朱鑫	男	广东茂名	汉族	团员	经济管理学院	会计专业	会计211班	2003年1月19日	89.0
6	2180203212	钱培渊	男	广东江门	汉族	党员	经济管理学院	会计专业	会计212班	2002年4月5日	83.0
7	2180205104	程天福	男	安徽滁州	苗族	团员	艺术学院	家具设计	家具211班	2002年12月16日	88.0
8	2180205218	程思斌	男	湖南衡阳	汉族	团员	艺术学院	家具设计	家具212班	2003年3月29日	84.0
9	2180402417	赵嘉玥	女	广东河源	汉族	团员	信息工程学院	软件技术	软件212班	2002年9月12日	90.0
10	2180402420	胡益镇	男	广东揭阳	汉族	团员	艺术学院	灯饰专业	灯饰212班	2001年9月30日	81.0

◆ 图3.1.26　工作表格式设置完成后的效果

3）页面设置及打印预览

单击【文件】→【打印】→【打印预览】，进入打印预览状态，如图 3.1.27 所示。在此可发现工作表列数较多，若自动分页，则打印效果不佳，故需要作进一步调整。

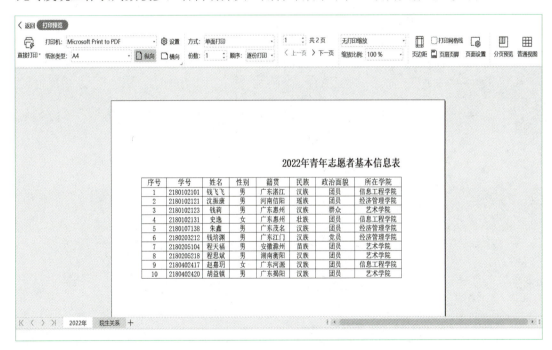

◆ 图3.1.27　打印预览效果

(1) 设置页面方向。本工作表列数较多，可采用横版方式排列。可单击打印预览页的【横向】按钮，也可单击【页面设置】打开【页面设置】窗口的【页面】选项卡，将页面方向设置为【横向】，或退出预览状态回到编辑状态，用选项卡【页面布局】→【纸张方向】选择【横向】，如图3.1.28所示。

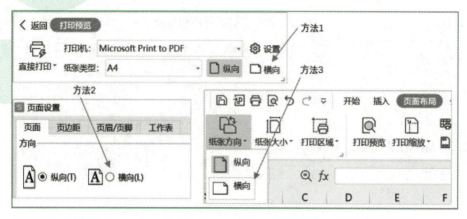

◆ 图3.1.28　设置纸张方向

(2) 设置页边距。打开【页面设置】窗口，选择【页边距】选项卡，选择水平居中，调整上下左右的页边距，如图3.1.29所示。

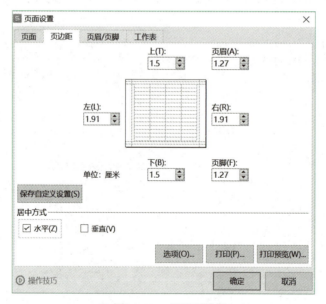

◆ 图3.1.29　设置页边距

(3) 设置页眉页脚。打开【页面设置】窗口，选择【页眉/页脚】选项卡，单击【自定义页眉】按钮打开【页眉】窗口，先定位左侧输入框，输入文字"2022年新增志愿者名单"，再定位右侧输入框，单击上方的【日期】按钮插入日期，单击【确定】按钮回到【页眉/页脚】设置窗口。在【页脚】设置处直接选择【第1页，共？页】（"？"会变成实际的页码数），设置完成后单击【确定】按钮。设置操作如图3.1.30所示，页面最终打印效果如图3.1.31所示。

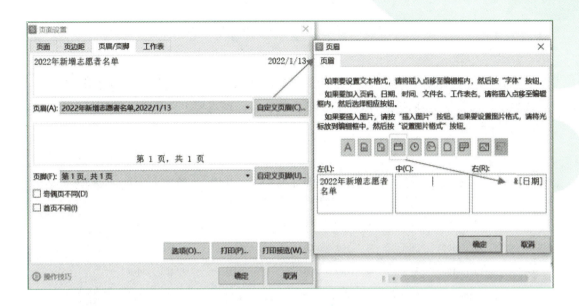

◆ 图3.1.30　设置页眉页脚

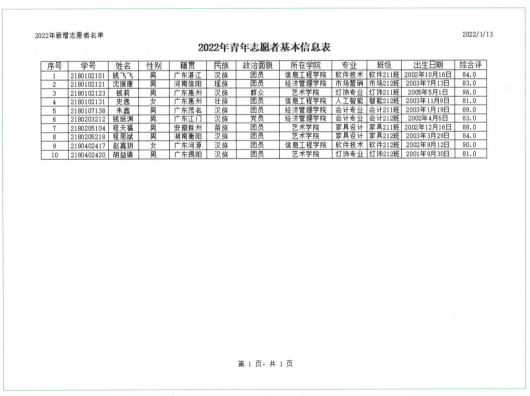

◆ 图3.1.31　打印预览最终效果

1. 一年一度的新生又入学了，作为班导师助理的小美又要开始整理班级同学的资料了。在新生报到时已经收集到了纸质的资料，现需要汇总整理。整理后的效果如图 3.1.32 所示。

新生基本信息表									
序号	学号	姓名	性别	联系电话	宿舍号	生日	省份	城市	家庭住址
1	2021001001	张三	男	15900000001	7-101	2003/1/9	广东	中山	中山市东区博爱7路25号
2	2021001002	李四	男	15900000002	7-102	2003/11/5	广东	珠海	珠海市香洲迎宾路100号
3	2021001003	王五	男	15900000003	8-301	2003/10/16	广东	广州	广州市天河区白云大道88号
4	2021001004	赵六	女	15900000004	10-502	2003/9/25	广东	中山	中山市东区中山5路125号
5	2021001005	周七	男	15900000005	8-301	2003/9/19	广东	珠海	珠海市拱北中山路60号
6	2021001006	孙八	女	15900000006	10-502	2003/8/11	广东	深圳	深圳市宝安区广安大道188号

◆ 图3.1.32 新生信息表参考效果图

2. 迎新晚会就要开始了，需要布置会场。小美负责晚会的策划工作，她对布置晚会现场需要用到的物品进行了预算。预算表效果如图 3.1.33 所示。

迎新晚会预算			
品名	数量	单位	单价
气球	20	包	10
荧光棒	100	捆	5
打气筒	5	个	15
舞台音响灯光组合	1	套	3000
主持人服装及化妆	4	人	200
泡泡机、气氛道具组合	3	套	150
请帖	10	张	10
海报、条幅、展板组合	4	套	100
矿泉水	50	瓶	2.5

◆ 图3.1.33 迎新晚会预算参考效果图

3. 迎新晚会需要招募志愿者，目前已完成报名，需制作表格统计报名信息。表格需要包含学号、姓名、性别、班级、联系电话、服务时段、特长等信息。

4. 自行设计表格，统计 12 月勤工俭学情况。表格应包含学号、姓名、日期、开始时间、结束时间、班级、联系电话等信息。

任务 3.2　表格数据计算

任务情境

学校团委经常组织志愿者下乡进行一些慰问活动，这些活动需要采购一些爱心物品，为了管理这些物品需制作爱心物品的清单，以方便年终总结及工作汇报等。目前已有采购信息的基础数据，需要对这些数据进行一些统计分析。

任务分析

原始采购数据包含物品名称、计划采购数量、实际采购数量、采购日期、采购人等信息。现在需要分析采购总金额、采购次数、是否完成采购任务等。

相关知识点

1. 公式

公式可包含下列所有内容或其中之一：函数、引用、运算符和常量。例如"=PI()*B6+20"，其中"PI()"是函数，返回圆周率 π 值；"*"和"+"是运算符；"B6"是引用，返回单元格 B6 中的值；"20"是常量，指直接输入到公式中的数字或文本值。

公式的操作方法：选择单元格，接着键入等号"="和运算表达式。输入完成后按【Enter】键，计算结果将显示在包含公式的单元格中。

注意：表格中的公式始终以等号开头。

2. 单元格的引用

单元格的引用有三种形式，分别是相对引用、绝对引用和混合引用。例如"=B6"就是相对引用，公式与单元格的位置是相对的，单元格的引用会随着公式的移动而自动改变；"=$B$6"是绝对引用，在单元格的行号、列标前面添加了"$"符号，锁定了地址，无论公式被复制到哪个位置，公式中引用的单元格都不会变；"=$B6""=B$6"均是混合引用，是相对引用和绝对引用的混合体，当发生移动时，只有未锁定的部分会发生变化。

3. 函数

函数是一个预先定义的特定计算公式。按照这个特定的计算公式对一个或多个参数进行计算，并得出一个或多个计算结果，叫作函数值。使用函数不仅可以完成许多复杂的计算，而且还可以简化公式的繁杂程度。函数由函数名称和函数参数两部分组成。常用的函数有求绝对值函数、求和函数、求平均值函数、条件函数、计数函数等。

1) 求绝对值函数

求绝对值函数 ABS 的语法格式：ABS(Number)，参数 Number 是必需的，必须为数值类型，即数字、文本格式的数字或逻辑值。如果是文本，则返回错误值 #VALUE!。参数表示要返回绝对值的数字，可以是直接输入的数字或单元格引用。

2) 求和函数

求和函数 SUM 的语法格式：SUM(Number1,Number2,…)。例如 "=SUM(A2:A10)" 表示将单元格 A2:A10 中的值加在一起；"=SUM(A2:A10，C2:C10)" 表示将单元格 A2:A10 以及单元格 C2:C10 两个数据区域的所有单元格的值加在一起。

单条件求和函数 SUMIF 可以对符合指定条件的值求和，基本语法：SUMIF(条件区域 , 设定的条件 , 求和区域)。

多条件求和函数 SUMIFS 用于计算满足多个条件的全部参数的总量，基本语法：SUMIFS(求和区域 , 条件区域 1, 条件 1, 条件区域 2, 条件 2, 条件区域 3, 条件 3,…)。

3) 求平均值函数

AVERAGE 是求平均值的函数，用于计算所有参数数据的平均值，语法格式是：AVERAGE(Number1,Number2,…)，计算时会自动忽略参数为空值的单元格。

4) 条件函数

条件函数 IF 的语法结构：IF(条件，结果 1，结果 2)。当条件成立时，显示结果 1；当条件不成立时，显示结果 2。例如，IF(10>20, " 是的 ", " 不是 ")，其结果显示 "不是"。

5) 计数函数

进行数量统计的函数有：

(1) COUNT，返回所选区域内数字 (包含数值型和日期型) 的个数。

(2) COUNTA，返回所选区域内非空值的个数，可以是任何格式，只要非空即可。

(3) COUNTBLANK，返回所选区域内空值的个数。

(4) COUNTIF，是条件计数函数，用于统计满足某个条件的单元格的数量。

✖ 任务实施

打开素材文件 (3.2 购物清单 .xlsx) 的 "志愿服务购物清单" 工作表，原始数据如图 3.2.1 所示。

	A	B	C	D	E	F	G	H	I
1	序号	类别	物品名称	预算数量	单位	实际采购	单价(元)	购买时间	经手人
2	1	学习用品	文具盒	100	个	120	15	2021/9/11	钱飞飞
3	2	学习用品	铅笔	100	支	180	0.5	2021/9/21	沈振康
4	3	学习用品	签字笔	200	支	160	2	2021/9/21	钱莉
5	4	学习用品	书籍	300	本	280	16	2021/9/21	钱莉
6	5	食品	大米	50	袋	60	60	2021/10/6	朱鑫
7	6	生活用品	纸巾	60	包	50	10	2021/10/12	钱培渊
8	7	食品	食用油	30	桶	30	80	2021/10/12	钱培渊
9	8	生活用品	毛巾	50	条	60	12	2021/10/18	沈振康
10	9	学习用品	铅笔	60	支	60	0.5	2021/10/29	钱莉
11	10	学习用品	签字笔	100	支	120	2	2021/11/8	史逸
12	11	学习用品	书籍	80	本	60	20	2021/11/8	史逸
13	12	食品	大米	20	袋	20	60	2021/11/8	史逸
14	13	生活用品	纸巾	30	包	35	10	2021/11/25	钱飞飞
15	14	食品	食用油	20	桶	20	80	2021/11/29	沈振康
16	15	生活用品	牙膏	16	支	18	8	2021/11/29	沈振康
17	16	生活用品	香皂	40	盒	30	5	2021/12/3	朱鑫
18	17	生活用品	洗发露	20	支	25	20	2021/12/3	朱鑫
19	18	生活用品	水杯	50	个	45	15	2021/12/9	钱培渊

◆ 图3.2.1　购物清单原始数据

1. 计算总价

1) 计算第一条数据的总价

在 J1 单元格中输入列标题"总价",总价的计算方式是实际采购量乘以单价。先定位到第一条数据的总价单元格 J2,输入公式"=F2*G2",按回车键,或者单击编辑栏左侧的【√】,如图 3.2.2 所示。

公式与函数的用法

× ✓ fx	=F2*G2 ◄── 编辑栏					输入公式

C	D	E	F	G	H	I	总价 ▼
物品名称	预算数量	单位	实际采购	单价(元)	购买时间	经手人	总价
文具盒	100	个	120	15	2021/9/11	钱飞飞	=F2*G2

◆ 图3.2.2　通过公式进行计算

2) 复制公式

选中 J2 单元格,鼠标移到右下角,当出现填充柄时,向下拖动填充其他物品的总价单元格。通过自动填充得到 J3 单元格的公式是"=F3*G3"。

2. 计算采购数量差额

采购差额为预算数量－实际采购数量,当差额为负数时需要取正,使用绝对值函数 ABS() 可实现本功能。

方法 1: 在 K1 单元格中输入"采购差额",在 K2 单元格中直接输入公式"=ABS(F2-D2)",按回车键得到计算结果。

方法 2: 定位 K2 单元格,通过工具选项卡【公式】→【常用函数】→【插入函数】打开函数窗口,如图 3.2.3 所示。查找 ABS 函数后进入参数选择界面,输入取绝对值的数值表达式。

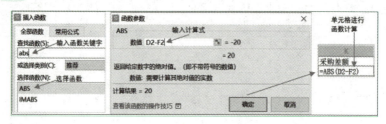

◆ 图3.2.3　插入函数

以上为函数常用的输入方式。本任务中其他行的采购差额用填充柄进行自动填充来完成。

3. 计算求和类数据

预算采购总量、实际采购总量、采购款总和等都要通过加法运算进行求和操作。当求和数据量极少时，可用加法公式进行计算，若求和数据较多，则要用到求和函数 SUM()，返回的结果是所有参数相加的和。可以将单个值、单元格引用或区域相加，或者将三者的组合相加。

基本运算函数

1) 计算数量和

在 B20 单元格中输入"求和"。预算数量数据的范围是 D2:D19，单元格 D20 存储预算数量和，输入求和函数"=SUM(D2:D19)"，按回车键得到计算结果。

用同样的方式计算实际采购数量和，在 F20 单元格中输入"=SUM(F2:F19)"，回车得到计算结果。

2) 计算所有商品总价和

商品总价和放置在 J20 单元格中，利用工具选项卡【公式】→【常用函数】→【SUM】打开窗口，如图 3.2.4 所示。在【数值 1】处选择计算区域"J2:J19"，完成计算。计算区域的 J2:J19 可直接输入，也可通过单击输入框右侧的图标用鼠标进行区域选择。

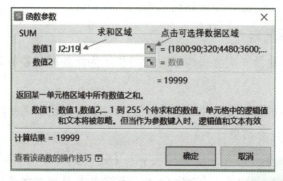

◆ 图3.2.4　求和函数

4. 简单统计数据的计算

在 B21:B23 依次输入标题：平均值、最大值和最小值，最终计算结果如图 3.2.5 所示。

求和	1326	1373		19999
平均值	73.67	76.28		1111.06
最大值	300	280		4480
最小值	16	18		30

◆ 图3.2.5　求和、平均值、最大值、最小值的计算结果

1) 计算平均值

D21 单元格存储预算数量的平均值，输入公式 "=AVERAGE(D2:D19)"，回车得到计算结果。

F21 单元格存储实际采购量的平均值，输入公式 "=AVERAGE(F2:F19)"，回车得到计算结果。

J21 单元格保存总价的平均值，输入公式 "=AVERAGE(J2:J19)" 即可。

计算完成后，设置平均数单元格的数值显示为 2 位小数点。

2) 计算最大值、最小值

最大值函数为 MAX，最小值函数为 MIN，参数为需要统计的数据区域。

预算数量最大值 D22 单元格中输入公式 "=MAX(D2:D19)"。

实际购买数量最大值 F22 单元格中输入公式 "=MAX(F2:F19)"。

总价最大值 J22 单元格中输入公式 "=MAX(J2:J19)"。

预算数量最小值 D23 单元格中输入公式 "=MIN(D2:D19)"。

实际购买数量最小值 F23 单元格中输入公式 "=MIN(F2:F19)"。

总价最小值 J23 单元格中输入公式 "=MIN(J2:J19)"。

5. 利用条件函数 IF 计算每件物品是否完成采购任务

采购任务是否完成的运算规则：当预算与实际采购数量一致时，显示 "完成任务"；小于时显示 "未完成"；大于时显示 "超额完成"。

(1) 若 "实际采购量 − 预算 ≥ 0" 成立，则显示 "完成"，否则显示 "未完成"。

条件函数及
排名函数

在 L1 单元格中输入 "采购状态"，在 L2 单元格中输入公式 "=IF(F2-D2>=0," 完成 "," 未完成 ")"，或通过【插入函数】快捷方式打开 IF 函数窗口，如图 3.2.6 所示，从而实现第一行数据的计算。

◆ 图3.2.6　IF函数

(2) IF 函数的嵌套。细化"实际采购量 – 预算 ≥ 0"，实现当"实际采购量 – 预算 =0"时，显示"完成任务"，大于 0 时显示"超额完成"。

用"IF(F2-D2=0," 完成任务 "," 超额完成 ")"替换原先公式中的"完成"，最终公式为"=IF(F2-D2>=0,IF(F2-D2=0," 完成任务 "," 超额完成 ")," 未完成 ")"。

(3) 用填充柄复制公式，实现其他单元的采购状态计算。

6. 利用函数 RANK 进行排名

M1 单元格中输入"排名"，M 列用来显示总价在所有物品中按照从高到低的次序排列的名次。先在 M2 单元格内计算第一行数据的排名，通过选项卡【公式】→【插入函数】→【RANK】打开函数设置窗口，如图 3.2.7 所示。

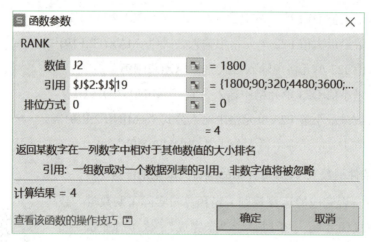

◆ 图3.2.7　RANK函数

参数设置如下：

数值：表示第一行数据的物品总价 J2 单元格，是用于排名的数值。

引用：指所有的要参与排名的总价数据，因后续要用填充柄复制公式，所以这里要把数据区域固定，采用了绝对地址 $J$2:$J$19。

排位方式：0 为降序排列，非 0 为升序排位。

其他行的排名数据用填充柄下拉即可获得。

7. 利用计数函数进行数量统计

1) 统计采购次数

B24 单元格中输入"采购次数"，C24 单元格存放通过商品名称列统计的采购次数结果，因商品名称为文字类型，所以输入函数"=COUNTA(C2:C19)"；D24 单元格存放通过商品预算数量列统计的结果，因数量为数值类型，所以输入函数"=COUNT(D2:D19)"，结果均为 18。

条件计数函数

2) 利用条件统计函数 COUNTIF 计数

COUNTIF 的基本语法：COUNTIF(需要统计的区域 , 需要满足的值)，第二个参数可以是 "100"、">100"、"<100"、"<>100"、">="&D2 等，分别表示等于 100、大于 100、小于 100、不等于 100、大于等于单元格 D2 中内容的单元格数量等。

【例 3–1】统计各类别物品的采购数量。

(1) 获取物品类别。复制所有物品类别数据 (不包含标题) 到新工作表的 B 列，单击工具选项卡【数据】→【重复项】→【删除重复项】，最终得到物品类别，如图 3.2.8 所示。

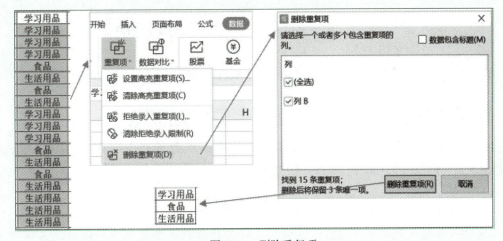

◆ 图3.2.8　删除重复项

把上一步得到的三个类别选中，然后复制。回到素材工作表，在 C25 单元格右击→【选择性粘贴】→【粘贴内容转置】，得到水平排列的类别，如图 3.2.9 所示。

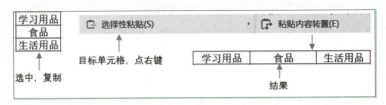

◆ 图3.2.9　粘贴内容转置

(2) 在 C25 单元格中输入"学习用品"，在 C26 单元格中计算"学习用品"的采购次数，使用的函数是 COUNTIF，第一个参数为统计数据区域，用绝对地址，第二个参数是条件，如图 3.2.10 所示。其他类别数据的统计用填充柄完成。得到的结果如图 3.2.11 所示。

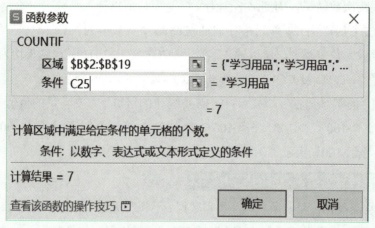

◆ 图3.2.10　按条件统计数量

	学习用品	食品	生活用品
采购次数	7	4	7

◆ 图3.2.11　按类别统计采购次数的结果

【例 3-2】统计实际采购量大于 100 的物品的累计采购次数。

这里需要在条件里使用比较运算符，在实际采购数量列中进行筛选，输入公式"=COUNTIF(F2:F19,">100")"即可，结果为 5。

【例 3-3】统计采购总价高于平均值的采购次数。

采购价平均值为单元格 J21，这里的比较条件需要连接此单元格地址，连接符为"&"，输入公式"=COUNTIF(J2:J19,">"&J21)"即可，结果为 7。

【例 3-4】查找"笔"的购买次数。

可以在 COUNTIF 函数的条件中使用通配符问号 (?)、星号 (*) 或波浪号 (～)。其中问号匹配任意单个字符；星号匹配任意一串字符；波浪号表示其右侧符号为普通字符，取消右侧符号的通配性。

在物品名称列中进行筛选，计算公式为"=COUNTIF(C2:C19,"* 笔 *")"，结果为 4。

8. 利用条件求和函数进行统计

1) 统计各类别的采购金额

对于"学习用品"的采购金额，即 C27 单元格，SUMIF 计算函数的条件区域为物品类别列即 \$B\$2:\$B\$19，条件为等于 C25 单元格的值，求和区域为总价列即 \$J\$2:\$J\$19，计算公式为"=SUMIF(\$B\$2:\$B\$19,C25,\$J\$2:\$J\$19)"。

其他类别用填充柄完成，效果如图 3.2.12 所示。

	学习用品	食品	生活用品
采购次数	7	4	7
采购金额	8160	8800	3039

◆ 图3.2.12　采购金额条件求和统计结果

2) 统计大米和毛巾的采购数量

多条件可以在条件区域把条件值用"{}"包含起来，输入公式"=SUMIF(C2:C19,{" 大米 "," 毛巾 "},F2:F19)"，结果为 80。

单条件求和

3) 利用多条件求和函数 SUMIFS 统计各类别采购状态为"超额完成"的超额量之和

先计算"学习用品"的超额量之和，分析如下：

求和区域：统计的是数量差额，区域为 K2:K19。

条件区域 1：学习用品属于类别，故条件区域 1 是"B2:B19"。

条件 1：等于表示"学习用品"的单元格 C25。

条件区域 2：是否是超额完成，属于"采购状态"列，故条件区域 2 是"L2:L19"。

多条件求和

条件 2：等于"超额完成"。

为了后续的自动填充，区域的地址全部设置为绝对地址，C29 单元格的公式为："=SUMIFS(\$K\$2:\$K\$19,\$B\$2:\$B\$19,C25,\$L\$2:\$L\$19," 超额完成 ")"。

其他类别的数据统计用填充柄完成，效果如图 3.2.13 所示。

	学习用品	食品	生活用品
采购次数	7	4	7
采购金额	8160	8800	3039
超额量	120	10	22

◆ 图3.2.13　计算各类别物品的超额量

9. 利用查找函数 VLOOKUP 为每条采购记录查找经手人所在班级

VLOOKUP 是一个查找函数，给定一个查找的目标，它就能从指定的查找区域中找到想要的数据。在工作中 VLOOKUP 有广泛的应用，例如可以用来进行核对数据，在多个表格之间快速导入数据等。VLOOKUP 共有四个参数，表达式为 "=VLOOKUP(查找值 , 查找区域 , 查找结果所在的列 , 匹配类型)"。

本任务需要 "志愿者基本信息表" 的数据作为支持，志愿者信息存储在 "2022 年" 工作表中。

VLOOKUP 函数的参数分析如图 3.2.14 所示。

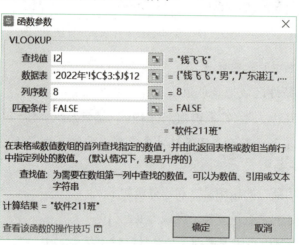

◆ 图3.2.14 VLOOKUP函数

以第一行数据为例，通过姓名单元格 I2 "钱飞飞" 去匹配，然后获取该同学的班级信息，第一个参数为 "I2"。

第二个参数数据表：在此设置查找区域。匹配项为 "2022 年" 工作表的 "姓名" C 列，作为查找区域的第一列；要查找的数据为 "班级" J 列，作为查找区域的最后一列。查找区域为有数据的单元格，故可初步设定其为 C3:J12。在不同工作表进行地址引用，需要添加工作表名，区域修改为 "2022 年 !C3:J12"。为了后续使用填充柄完成其他行的计算，区域改为绝对地址：'2022 年 '!$C$3:$J$12。

第三个参数：需要查找的班级位于查找区域 C3:J12 的第 8 列，设置本参数列序数为 8。

第四个参数：进行精确查找，故设置为 FALSE。

在第一条数据的经手人班级单元格 N2 中输入 "=VLOOKUP(I2,'2022 年 '!$C$3:$J$12,8,FALSE)"，其他行的数据采用填充柄来实现。

通过以上步骤的计算后，调整工作表的行高、列宽、对齐方式，设置边框等，使其能正常显示，最终得到的结果如图 3.2.15 所示。

序号	类别	物品名称	预算数量	单位	实际采购	单价(元)	购买时间	经手人	总价	采购差额	采购状态	排名	经手人班级
1	学习用品	文具盒	100	个	120	15	2021/9/11	钱飞飞	1800	20	超额完成	4	软件211班
2	学习用品	铅笔	100	支	180	0.5	2021/9/21	沈振康	90	80	超额完成	17	市场212班
3	学习用品	签字笔	200	支	160	2	2021/9/21	钱莉	320	40	未完成	13	灯饰211班
4	学习用品	书籍	300	本	280	16	2021/9/21	钱莉	4480	20	未完成	1	灯饰211班
5	食品	大米	50	袋	60	60	2021/10/6	朱鑫	3600	10	超额完成	2	会计211班
6	生活用品	纸巾	60	包	50	10	2021/10/12	钱培渊	500	10	未完成	10	会计212班
7	食品	食用油	30	桶	30	80	2021/10/12	钱培渊	2400	0	完成任务	3	会计212班
8	生活用品	毛巾	50	条	60	12	2021/10/18	沈振康	720	10	完成任务	8	市场212班
9	学习用品	铅笔	60	支	60	0.5	2021/10/29	钱莉	30	0	完成任务	18	灯饰211班
10	学习用品	签字笔	100	支	120	2	2021/11/8	史逸	240	20	超额完成	14	智能212班
11	学习用品	书籍	80	本	60	20	2021/11/8	史逸	1200	20	超额完成	6	智能212班
12	食品	大米	20	袋	20	60	2021/11/8	史逸	1200	0	完成任务	6	智能212班
13	生活用品	纸巾	30	包	35	10	2021/11/25	钱飞飞	350	5	超额完成	12	软件211班
14	食品	食用油	20	桶	20	80	2021/11/29	沈振康	1600	0	完成任务	5	市场212班
15	生活用品	牙膏	16	支	18	8	2021/11/29	沈振康	144	2	超额完成	16	市场212班
16	生活用品	香皂	40	盒	30	5	2021/12/3	朱鑫	150	10	未完成	15	会计211班
17	生活用品	洗发露	20	支	25	20	2021/12/3	朱鑫	500	5	超额完成	10	会计211班
18	生活用品	水杯	50	个	45	15	2021/12/9	钱培渊	675	5	未完成	9	会计212班
	求和		1326		1373				19999				
	平均值		73.67		76.28				1111.06				
	最大值		300		280				4480				
	最小值		16		18				30				
	采购次数	18		18									
		学习用品	食品	生活用品		购量大于100	金额大于平均		笔	大米和毛巾			
	采购次数	7	4	7		5	7		4				
	采购金额	8160	8800	3039									
	采购数量								80				
	超额量	120	10	22									

◆ 图3.2.15　计算最终效果图

习 题 作 业

1. 期末到了，要对班级成绩进行统计分析，素材见文件"3.2 作业 .xls"中的"1、成绩分析表"工作表，具体要求如下：

(1) 为每位同学计算总分、排名。

(2) 计算每门课程的平均分、最高分、最低分等。

(3) 计算每门课程的及格率、优秀率、良好率等。

2. 根据 2021 年上半年汽车销量表 (素材见文件"3.2 作业 .xls"中的"2、汽车销量"工作表)，统计以下数据：

(1) 每款车上半年的总销量、平均销量、月最高销量、月最低销量。

(2) 按总销量给每个车型计算排名。

(3) 计算每个月的汽车总销量和平均销量。

3. 分析 2021 年 9 月房企在各个城市的房屋销售数量及销售额，并进行数据汇总分析，素材见文件"3.2 作业 .xls"中的"3、房地产销售数据"工作表。

(1) 按照房企计算房屋销售套数总量、平均值。

(2) 按照房企计算销售额总量、最高销售额，按照城市计算销售额总量、平均值。

(3) 按照总销售额对房企进行排名。

(4) 按照房企名称汇总房屋销售额总量、房屋销售数量，并计算各房企的市场占有率。

4. 目前有 2015—2019 年我国各省市 IT 行业就业人员平均工资数据表，现在需要进行一些数据统计和分析。素材见文件"3.2 作业.xls"中的"4、IT 行业工资"工作表。

(1) 计算每个省 5 年的平均工资。

(2) 计算每年所有省份的平均工资、最高工资及其省份名称、最低工资及其省份名称。

(3) 计算每年工资高于各省平均工资的省份数量。

(4) 统计所有省份 5 年的整体平均工资值 A，然后在各省份的工资状况列进行如下计算：本省 5 年平均工资高于 A 的显示"高薪省份"、等于 A 的显示"持平"、低于 A 的显示"有待提高"。

任务 3.3　表格数据分析

任务情境

志愿服务几乎是每个文明社会不可缺少的一部分，任何人都可自愿贡献个人时间和精力，在不为物质报酬的前提下，为推动人类发展、社会进步和社会福利事业而提供服务。大学生通过参加各种志愿活动，可以培养其公民责任和社会责任感、锻炼奉献精神和服务能力。为了更好地了解本校大学生志愿者的基本情况及志愿服务活动的情况，我们要对这些基础数据进行分析整理。

任务分析

基础数据包含志愿者姓名、学号、所在院系、政治面貌、民族、出生年月、服务时长等。数据分析的方法有：根据不同字段进行数据排序、多字段组合排序；根据不同条件进行数据的筛选；按照不同类别进行数据的汇总；按照不同的规则设置单元格的显示样式等。

相关知识点

1. 格式设置

单元格格式的设置包括单元格内数据类型的设置、数据对齐方式的设置、字体格式的设置、边框和底纹的设置。在 WPS 表格里用户可以指定某种条件，在条件被满足的时候以预设的单元格式显示，这就是条件格式。

2. 排序

排序是按关键字大小递增或递减的次序，对文件中的全部记录重新排列的过程。将数据进行排序能很直观方便地查看和比较数据。在 WPS 表格中不仅数字可以排序，而且文本日期等都可以进行排序。

3. 筛选

筛选是根据指定条件挑选出一部分数据，过滤掉不关心的数据。要想分析出海量数据所蕴含的价值，筛选出有价值的数据十分重要，数据筛选在整个数据处理流程中处于至关重要的地位。数据筛选是为了提高之前收集存储的相关数据的可用性，更利于后期的数据分析。

4. 分类汇总

把资料进行数据化后，先按照某一标准进行排序，之后可进行分类，然后在分完类的基础上对各类别相关数据分别用求和、求平均数、求个数、求最大值、求最小值等方法进行汇总。

套用表格样式

任务实施

1. 套用预设样式进行格式设置

打开素材文件，用于统计分析的原始数据如图 3.3.1 所示，共 60 条记录。

序号	学号	姓名	性别	籍贯	民族	政治面貌	所在学院	专业	班级	出生日期	服务时长（小时）
1	2180102101	钱飞飞	男	广东湛江	汉族	团员	信息工程学院	自动化	21自动化1	2002/10/16	84
2	2180102121	沈振康	男	河南信阳	瑶族	团员	信息工程学院	自动化	21自动化1	2003/7/13	70
3	2180102123	钱苟	男	广东惠州	汉族	群众	信息工程学院	自动化	21自动化1	2005/5/1	96
4	2180102131	史逸	女	广东惠州	壮族	团员	信息工程学院	自动化	21自动化1	2003/11/9	58
5	2180107138	朱鑫	男	广东茂名	汉族	团员	信息工程学院	机械电子工程	21机电1	2003/1/19	89
6	2180203212	钱培渊	男	广东江门	汉族	党员	经济与管理学院	市场营销	21营销3	2002/4/5	60
7	2180205104	程天福	男	安徽滁州	苗族	团员	经济与管理学院	市场营销	21营销3	2002/12/16	88
8	2180205218	程思斌	男	湖南衡阳	汉族	团员	经济与管理学院	市场营销	21营销3	2003/3/29	20
9	2180402417	赵益玥	女	广东河源	汉族	团员	信息工程学院	标准化工程	21标准化2	2002/9/12	82
10	2180402420	胡益镇	男	广东揭阳	汉族	团员	信息工程学院	标准化工程	21标准化3	2001/9/30	81
11	2180404105	程同伟	男	广东肇庆	汉族	党员	信息工程学院	标准化工程	21标准化3	2003/11/21	40
12	2180502110	胡来潇	女	广东清远	苗族	团员	信息工程学院	材料化学	21化学1	2002/11/4	84
13	2180502126	孙瑶	男	湖南衡阳	汉族	团员	信息工程学院	材料化学	21化学1	2003/5/4	88
14	2180502206	曹嘉清	女	广东中山	汉族	团员	信息工程学院	材料化学	21化学2	2003/1/5	118
15	2180502212	曹嘉俊	男	广东中山	汉族	团员	信息工程学院	材料化学	21化学2	2001/9/9	96
16	2180502220	钱西西	女	广东中山	汉族	团员	信息工程学院	材料化学	21化学2	2002/9/10	86
17	2180502222	潘儒锋	男	广东韶关	汉族	群众	信息工程学院	材料化学	21化学2	2003/11/9	91
18	2180502226	胡若云	男	广东清远	汉族	团员	信息工程学院	材料化学	21化学2	2002/4/13	90
19	2180503219	程健伟	男	广东阳江	壮族	团员	信息工程学院	机械电子工程	21机电2	2003/6/27	115
20	2180602201	胡思敏	女	广东中山	汉族	团员	外国语学院	汉语国际教育	21汉教1	2003/3/28	83
21	2180603106	张林	男	广东湛江	苗族	团员	外国语学院	汉语国际教育	21汉教1	2003/11/3	91

◆ 图3.3.1　原始数据(部分)

鼠标定位在数据的任意单元格中，通过单击选择选项卡【开始】→【表格样式】打开样式设置界面后，先选择色系，再单击样式效果示意图，选择后打开【套用表格样式】对话框，如图 3.3.2 所示。数据表的来源为整个工作表的数据，标题行为 1 行，设置完成后的效果如图 3.3.3 所示。

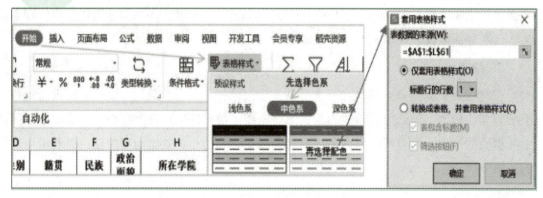

◆ 图3.3.2 套用表格样式

序号	学号	姓名	性别	籍贯	民族	政治面貌	所在学院	专业	班级	出生日期	服务时长（小时）
1	2180102101	钱飞飞	男	广东湛江	汉族	团员	信息工程学院	自动化	21自动化1	2002/10/16	84
2	2180102121	沈振康	男	河南信阳	瑶族	团员	信息工程学院	自动化	21自动化1	2003/7/13	70
3	2180102123	钱莉	男	广东惠州	汉族	群众	信息工程学院	自动化	21自动化1	2005/5/1	96
4	2180102131	史逸	女	广东惠州	壮族	团员	信息工程学院	自动化	21自动化1	2003/11/9	58
5	2180107138	朱鑫	男	广东茂名	汉族	团员	信息工程学院	机械电子工程	21机电1	2003/1/19	89
6	2180203212	钱培渊	男	广东江门	汉族	党员	经济与管理学院	市场营销	21营销3	2002/4/5	60
7	2180205104	程天福	男	安徽滁州	苗族	团员	经济与管理学院	市场营销	21营销3	2002/12/16	88
8	2180205218	程思斌	男	湖南衡阳	汉族	团员	经济与管理学院	市场营销	21营销3	2003/3/29	20
9	2180402417	赵嘉玥	女	广东河源	汉族	团员	信息工程学院	标准化工程	21标准化2	2002/9/12	82
10	2180402420	胡益镇	男	广东揭阳	汉族	团员	信息工程学院	标准化工程	21标准化3	2001/9/30	81
11	2180404105	程同伟	男	广东肇庆	汉族	党员	信息工程学院	标准化工程	21标准化3	2003/11/21	40
12	2180404210	胡来潇	女	广东清远	苗族	团员	信息工程学院	材料化学	21化学1	2002/11/4	84
13	2180502126	孙瑶	男	湖南衡阳	汉族	团员	信息工程学院	材料化学	21化学1	2003/5/4	88
14	2180502206	曹清清	女	广东中山	汉族	团员	信息工程学院	材料化学	21化学2	2003/1/5	118
15	2180502212	曹嘉俊	女	广东中山	汉族	团员	信息工程学院	材料化学	21化学2	2001/9/9	96
16	2180502220	钱西西	女	广东中山	汉族	团员	信息工程学院	材料化学	21化学2	2002/9/10	86
17	2180502222	潘儒锋	男	广东韶关	汉族	群众	信息工程学院	材料化学	21化学2	2003/11/9	91
18	2180502226	胡若云	男	广东清远	汉族	团员	信息工程学院	材料化学	21化学2	2002/4/13	90
19	2180503219	程健伟	女	广东阳江	壮族	团员	信息工程学院	机械电子工程	21机电2	2003/6/27	115
20	2180602201	胡思敏	女	广东中山	汉族	团员	外国语学院	汉语国际教育	21汉教1	2003/3/28	83

◆ 图3.3.3 套用样式后的效果

2. 条件格式

通过单击工具选项卡【开始】→【条件格式】打开【条件格式】的管理菜单，根据不同的需求进行选择，如图 3.3.4 所示。使用【管理规则】可进行规则的增加、修改、删除等操作。

条件格式突显
－默认规则

◆ 图3.3.4　【条件格式】菜单

1) 突出显示单元格规则

【突出显示单元格规则】有 7 种规则，分别是"大于""小于""介于""等于""文本包含""发生日期""重复值"。

【例 3-5】党员同学用浅红色底纹标识。

(1) 选中数据区域。单击政治面貌列的列标 G 选中整列，然后按住 Ctrl 键单击标题"政治面貌"单元格，取消标题单元格的选中状态。

(2) 单击【突出显示单元格规则】→【等于】，打开设置窗口，如图 3.3.5 所示。设置比较值为"党员"，格式设置为"浅红色填充"。通过设置，政治面貌列的"党员"被加上了浅红色背景。

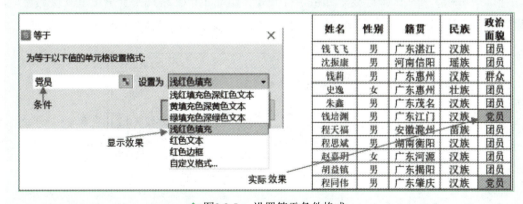

◆ 图3.3.5　设置等于条件格式

【例 3-6】服务时长在 90 ～ 100 之间的同学用绿色加粗字体标识。

选中服务时长 L 列后去掉标题单元格，打开【突出显示单元格规则】→【介于】窗口，设置范围值为90、100，通过自定义格式设置字体为绿色、加粗，如图 3.3.6 所示。

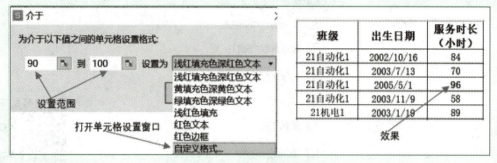

◆ 图3.3.6　设置范围条件格式

【例 3-7】籍贯为安徽省的同学用绿色背景标识。

选中籍贯 E 列后去掉标题单元格，打开【突出显示单元格规则】→【文本中包含】窗口，如图 3.3.7 所示。设置包含值为"安徽"，打开自定义格式窗口，设置背景为绿色。

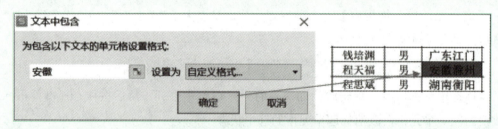

◆ 图3.3.7　设置文本包含条件格式

【例 3-8】只有一名志愿者的班级用红色边框标识。

选中班级 J 列后去掉标题单元格，打开【突出显示单元格规则】→【重复值】窗口，设置值为【唯一】，格式为自定义格式的"加粗"效果，如图 3.3.8 所示。

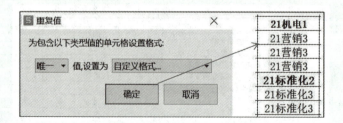

◆ 图3.3.8　设置唯一加粗条件格式

【例 3-9】少数民族的同学用灰色背景标识。

(1) 设置整列格式。选中民族 F 列后去掉标题单元格，单击【突出显示单元格规则】→【其他规则】进行自定义规则设置，如图 3.3.9 所示。选择规则类型为【只为包含以下内容的单元格设置格式】，设置单元格值不等于汉族，单击【格式】按钮设置单元格背景色为灰色，单击【确定】按钮。

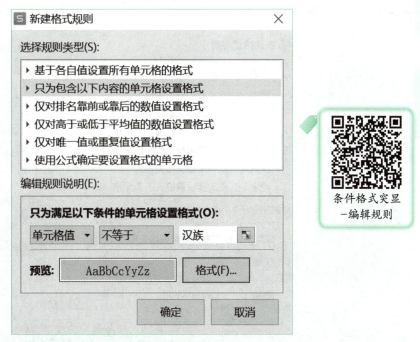

◆ 图3.3.9　新建格式规则

(2) 调整规则，设置空值单元格样式。经过前面的设置，发现为空值的单元格也被设置成了灰色背景，需要添加规则"当单元格值为空时，背景颜色为无图案"。

选中民族 F 列，打开工具选项卡【开始】→【条件格式】→【管理规则】窗口 (如图 3.3.10 所示)，规则管理器中显示刚刚设置的非汉族数据全部为灰色背景。

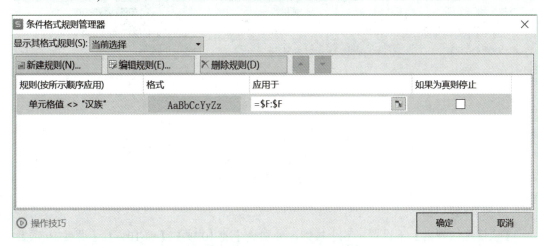

◆ 图3.3.10　条件格式规则管理器

单击【新建规则】添加新规则，规则类型为【只为包含以下内容的单元格设置格式】，设置单元格为【空值】格式：图案为"无图案"，如图3.3.11所示。添加完成后，在规则管理器中可见新建的规则，如图3.3.12所示。

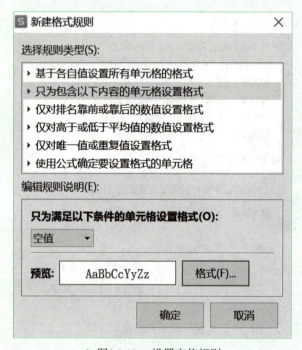

◆ 图3.3.11　设置空值规则

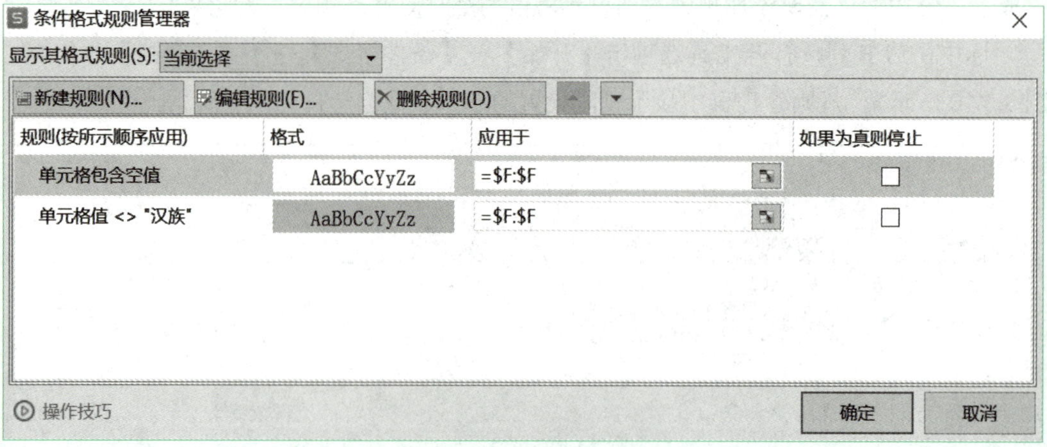

◆ 图3.3.12　设置完成的规则

2) 项目选取规则

【项目选取规则】下设置了6个规则，分别是【前10项】、【前10%】、【最后10项】、【最后10%】、【高于平均值】、【低于平均值】。

【例 3-10】服务时长前三名的同学用"浅红填充色深红色文本"标识。

选中服务时长 L 列后去掉标题单元格，单击选项卡【开始】→
【条件格式】→【项目选取规则】→【前 10 项】打开设置窗口，如
图 3.3.13 所示。设置完成后，服务时长前三名的同学的单元格就会
显示为深红色字体、浅红色背景。

条件格式-项
目选取规则

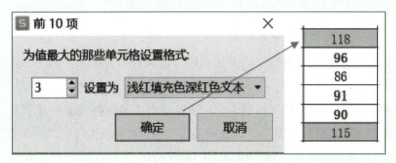

◆ 图 3.3.13　设置前几项格式

【例 3-11】服务时长排名靠后的 2% 的同学用红色标识。

选中服务时长列后去掉标题单元格，单击选项卡【开始】→【条件格式】→【项
目选取规则】→【最后 10%】打开设置窗口，如图 3.3.14 所示。设置完成后，服务时长排
名靠后的 2% 的同学的单元格就会显示为红色字体。

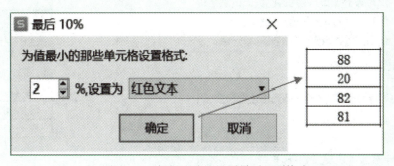

◆ 图 3.3.14　根据百分比设置最后几项格式

【例 3-12】服务时长低于平均值的同学用浅绿色背景标识。

选中服务时长列后去掉标题单元格，单击选项卡【开始】→【条件格式】→【项目
选取规则】→【低于平均值】打开设置窗口，如图 3.3.15 所示。设置完成后，服务时长

低于平均值的单元格就会显示为浅绿背景。

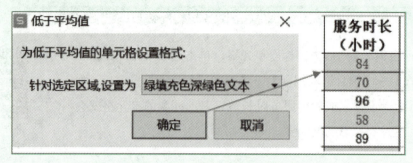

◆ 图3.3.15　根据平均值设置规则

3) 将条件格式应用于表格中的其他列

利用将条件格式应用于表格中的其他列的方法实现将班级为"21自动化1"的同学的姓名用"绿色字体"标识。

选中姓名 C 列数据(不包含标题)后,通过单击【条件格式】→【新建规则】打开规则窗口,选中规则类型为【使用公式确定要设置格式的单元格】,填写条件"=$J2="21自动化1""",设置格式为绿色字体,如图 3.3.16 所示。

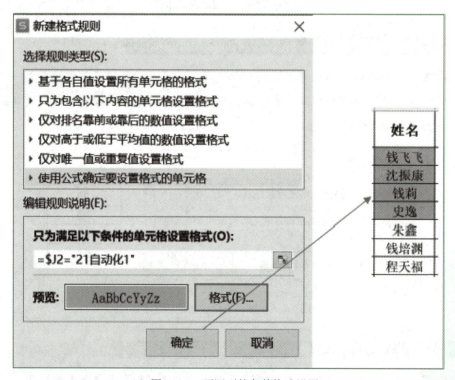

◆ 图3.3.16　不同列的条件格式设置

经过以上所有条件格式的设置,前 31 条数据的显示效果如图 3.3.17 所示。

序号	学号	姓名	性别	籍贯	民族	政治面貌	所在学院	专业	班级	出生日期	服务时长（小时）
1	2180102101	钱飞飞	男	广东湛江	汉族	团员	信息工程学院	自动化	21自动化1	2002/10/16	84
2	2180102121	沈振康	男	河南信阳	瑶族	团员	信息工程学院	自动化	21自动化1	2003/7/13	70
3	2180102123	钱莉	男	广东惠州	汉族	群众	信息工程学院	自动化	21自动化1	2005/5/1	96
4	2180102131	史逸	女	广东惠州	壮族	团员	信息工程学院	自动化	21自动化1	2003/11/9	58
5	2180107138	朱鑫	男	广东茂名	汉族	团员	信息工程学院	机械电子工程	21机电1	2003/1/19	89
6	2180203212	钱培渊	男	广东江门	汉族	党员	经济与管理学院	市场营销	21营销3	2002/4/5	60
7	2180205104	程天福	男	安徽滁州	苗族	团员	经济与管理学院	市场营销	21营销3	2002/12/16	88
8	2180205218	程思斌	男	湖南衡阳	汉族	团员	经济与管理学院	市场营销	21营销3	2003/3/29	20
9	2180402417	赵嘉玥	女	广东河源	汉族	团员	信息工程学院	标准化工程	21标准化2	2002/9/12	82
10	2180402420	胡益镇	男	广东揭阳	汉族	团员	信息工程学院	标准化工程	21标准化3	2001/9/30	81
11	2180404105	程同伟	男	广东肇庆	汉族	党员	信息工程学院	标准化工程	21标准化3	2003/11/21	40
12	2180502110	胡来潇	男	广东清远	苗族	团员	信息工程学院	材料化学	21化学1	2002/11/4	84
13	2180502126	孙瑶	男	湖南衡阳	汉族	团员	信息工程学院	材料化学	21化学1	2003/5/4	88
14	2180502206	曹清清	女	广东中山	汉族	团员	信息工程学院	材料化学	21化学2	2003/1/5	118
15	2180502212	曹嘉俊	男	广东中山	汉族	团员	信息工程学院	材料化学	21化学2	2001/9/9	96
16	2180502220	钱西贡	男	广东清远	汉族	团员	信息工程学院	材料化学	21化学2	2002/9/10	86
17	2180502222	潘儒锋	男	广东韶关	汉族	群众	信息工程学院	材料化学	21化学2	2003/11/9	91
18	2180502226	胡若云	男	广东清远	汉族	团员	信息工程学院	材料化学	21化学2	2002/4/13	90
19	2180503219	程健伟	女	广东阳江	壮族	团员	信息工程学院	机械电子工程	21机电2	2003/6/27	115
20	2180602201	胡思敏	女	广东中山	汉族	团员	外国语学院	汉语国际教育	21汉教1	2003/3/28	83
21	2180603106	张林	男	广东湛江	苗族	团员	外国语学院	汉语国际教育	21汉教1	2003/11/3	91
22	2180604111	曹昱	女	广东肇庆	汉族	群众	外国语学院	汉语国际教育	21汉教3	2003/10/24	89
23	2180604113	程国壮	女	广东中山	瑶族	团员	外国语学院	汉语国际教育	21汉教3	2002/7/16	87
24	2180705118	史嘉阳	男	广东茂名	汉族	团员	经济与管理学院	市场营销	21营销1	2003/9/28	92
25	2180705137	钱建树	男	广东中山	汉族	团员	经济与管理学院	市场营销	21营销1	2003/10/10	86
26	2180705209	曹杰惠	女	广东中山	汉族	党员	经济与管理学院	市场营销	21营销2	2003/2/2	100
27	2180705237	何博南	男	湖南邵阳	汉族	团员	经济与管理学院	市场营销	21营销2	2003/11/27	83
28	2180802121	肖宗杰	女	湖南邵阳	汉族	团员	理学院	数学与应用数学	21数学1	2003/3/5	88
29	2180802123	程敏	女	广东惠州	壮族	团员	理学院	数学与应用数学	21数学1	2002/12/5	83
30	2180802131	程雪昕	女	广东中山	汉族	团员	理学院	数学与应用数学	21数学1	2003/1/23	98
31	2180802137	曹文静	男	广东梅州	汉族	团员	理学院	数学与应用数学	21数学1	2002/10/17	98

◆ 图3.3.17　条件格式设置后的效果

3. 排序

排序包含升序和降序两种，升序表示按照从低到高的次序进行排列，降序为按照从高到低的次序进行排列。

1) 用快速排序实现将全部数据按照序号的降序进行排列

通过单击选项卡【开始】或【数据】下的【排序】选项组的【升序】或【降序】按钮，可实现将工作表的数据按照某一列的值进行排序，如图 3.3.18 所示。

◆ 图3.3.18　排序方法

方法 1：选中所有数据区域后，即第一列为序号列，单击工具选项卡【开始】/【数据】→【排序】→【降序】，会按照选中区域的第一列的值进行排序，也就实现了全部数据按照序号的降序进行排列。

方法 2：鼠标定位到要排序字段序号所在的 A 列的任意单元格上，执行【开始】/【数据】→【排序】→【降序】，也可实现数据按序号降序进行排列。

2) 自定义排序

复杂排序需要通过单击【排序】→【自定义排序】打开排序窗口来完成。在对话框中设置排序字段，排序字段可以是单字段，也可以是多字段。多字段时，先按主关键字排序，再按次关键字排序。

自定义序列排序

【例 3-13】单字段排序，按照性别的拼音降序排列。

鼠标定位在工作表数据区域的任意单元格中，打开自定义排序窗口，因本工作表包含标题行，所以选中【数据包含标题】；设置主要关键字为【性别】、排序依据为【数值】、次序为【降序】，如图 3.3.19 所示。排序完成后所有女生的数据排在前面。

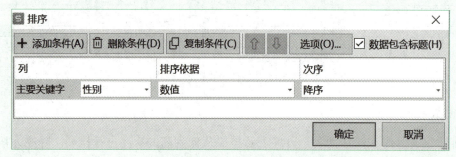

◆ 图3.3.19　设置排序字段

【例 3-14】多字段排序，先按所在学院升序排序，再按出生年月降序排序。

打开自定义排序管理窗口，先设置主要关键字：排序字段为所在学院，排序次序为升序。再单击【添加条件】按钮，设置次要关键字：排序字段为出生日期，排序次序为降序，如图 3.3.20 所示。

◆ 图3.3.20　设置多字段排序

3) 用自定义序列排序实现按照政治面貌排序

WPS 表格排序支持自定义序列排序，软件内置一些排序序列，例如"正月、二月、三月…"，也允许用户自定义排序序列，在排序管理窗口的次序选项下选择【自定义序列】即可打开【自定义序列】窗口，如图 3.3.21 所示。

首先确定政治面貌的排列顺序是"党员，团员，群众"。打开自定义排序窗口，设置排序字段为"政治面貌"，单击次序下的【自定义序列】，打开【自定义序列】窗口，添加"党员，团员，群众"序列，完成后回到自定义排序窗口，如图 3.3.21 所示，单击【确定】按钮完成排序。

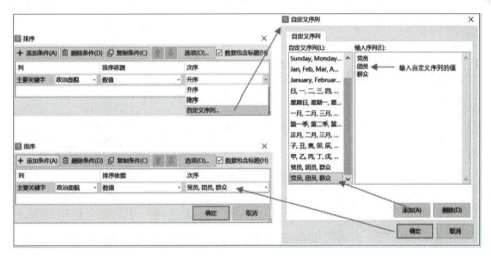

◆ 图3.3.21　自定义排序序列

4) 随机排序

有时为了彻底打乱顺序而进行的排序称为随机排序，需要借助随机函数 RAND 来实现。实现步骤：添加新列"随机列"，在第一行数据中输入公式"=RAND()"，产生 0～1 之间的随机数，其他行利用填充柄进行填充，如图 3.3.22 所示。然后根据"随机列"进行升序或降序排序，即可实现数据的随机排序。

随机排序

M
随机列
0.200139554
0.945302533
0.049500153
0.247977025
0.441064017
0.224267133
0.701711985
0.654239665

◆ 图3.3.22　通过随机数列进行随机排序

4. 筛选

筛选分为简单筛选和高级筛选，简单筛选的结果是将不满足筛选条件的数据隐藏，从而得到筛选结果，通过【自动筛选】工具完成。高级筛选的结果可以显示在新的区域，不会影响原数据，可以和原数据对比。

1) 自动筛选

选中数据区域的任一单元格，通过单击工具选项卡【开始】→
【筛选】或【数据】→【自动筛选】进入自动筛选模式，每列的标
题右侧出现一个三角形下拉按钮，单击后出现筛选窗口。

自动筛选

【例 3-15】筛选出姓名中包含"晓"字的志愿者。

单击姓名列标题 C1 单元格右侧的下拉按钮，在弹出的筛选窗口中选中【内容筛选】，
输入关键字"晓"，如图 3.3.23 所示，单击【确定】按钮后只显示姓名中包含"晓"字的行，
其他行隐藏。

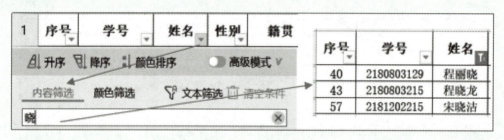

◆ 图3.3.23　内容筛选

取消本列筛选的方法：单击筛选窗口里的【全选】选项，使其处于选中状态，然后
单击【确定】按钮即可。也可直接单击【清空条件】按钮，取消筛选。

退出自动筛选状态的方法：再次单击【开始】→【筛选】或【数据】→【自动筛选】
可退出筛选状态。

【例 3-16】筛选姓"程"的志愿者。

单击姓名列标题 C1 单元格右侧的下拉按钮，在弹出的筛选窗口中选中【文本筛选】
的【开头是】，弹出【自定义自动筛选方式】窗口，输入关键字"程"，单击【确定】按
钮后完成筛选，得到的筛选结果如图 3.3.24 所示。

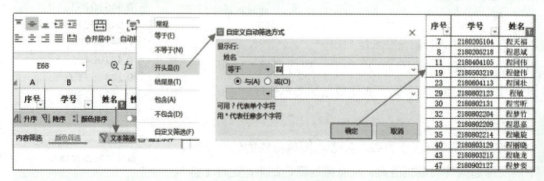

◆ 图3.3.24　文本筛选

【**例 3-17**】筛选出姓"程"且性别为女的志愿者。

在上一步筛选结果的基础上，单击"性别"列进行二次筛选，在筛选窗口中选中"女"，单击【确定】按钮，如图 3.3.25 所示。

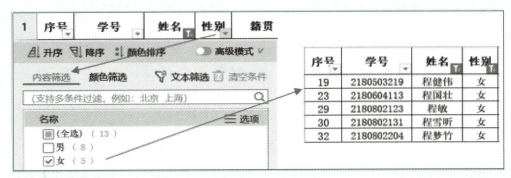

◆ 图3.3.25　多字段筛选

【**例 3-18**】筛选出服务时长超过平均数的志愿者。

单击"服务时长"列标题 L1 单元格右侧的下拉按钮，在弹出的筛选窗口中选中【数字筛选】的【高于平均值】，如图 3.3.26 所示。

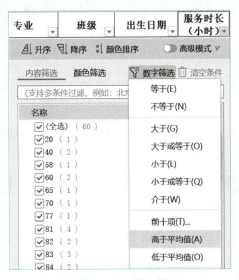

◆ 图3.3.26　数字筛选

2) 高级筛选

若筛选条件较为复杂，则可以使用高级筛选。通过单击【开始】→【筛选】→【高级筛选】打开【高级筛选】窗口。进行高级筛选需要先设置筛选条件，筛选条件至少两行，第一行是标题，需要与数据表的标题一致，其他行为筛选条件。满足了条件区域内

高级筛选

条件的数据会显示出来，其他行的数据会隐藏。

【例 3-19】筛选出材料化学专业的女生。

(1) 定义筛选条件：专业名称为"材料化学"、性别为"女"，这两个条件同时满足的数据才会显示，所以将这两个条件放到一行上，表示"与"的关系。在 B63:C64 区域设置筛选条件，如图 3.3.27 所示。

专业	性别
材料化学	女

◆ 图3.3.27　设置"与"关系的筛选条件

(2) 打开【高级筛选】窗口，选择【在原有区域显示筛选结果】，列表区域选择包含标题列的所有数据"$A$1:$L$61"，条件区域为"$B$63:$C$64"，单击【确定】按钮得到筛选结果，如图 3.3.28 所示。

◆ 图3.3.28　设置高级筛选

取消高级筛选的方法：单击【筛选】→【全部显示】，选择【在原有区域显示筛选结果】的筛选即可恢复全部数据。

【例 3-20】筛选出政治面貌为党员或者班级是"英语"班的志愿者。

(1) 定义筛选条件。党员和"英语"班只要满足其中一个条件，数据就可以显示，两个条件不放到一行表示"或"。班级名称中包含"英语"二字，"英语"前后可以有任意字符，筛选条件中任意字符用"*"表示。在 E63:F65 定义条件区域，如图 3.3.29 所示。

政治面貌	班级
党员	
	英语

◆ 图3.3.29　"或"关系的筛选条件

(2) 在【高级筛选】窗口中选择【将筛选结果复制到其它位置】；列表区域选择包含标题列的所有数据"$A$1:$L$61"，条件区域为"$E$63:$F$65"；【复制到】项选择区域"$A$67:$L$68"放置筛选结果,这里注意选中的区域列数一定要够,行数任意;选中【扩展结果区域,可能覆盖原有数据】,在结果行数超过区域行数时会自动扩展结果区域,如图 3.3.30 所示。

序号	学号	姓名	性别	籍贯	民族	政治面貌	所在学院	专业	班级	出生日期	服务时长（小时）
6	2180203212	钱培渊	男	广东江门	汉族	党员	经济与管理学院	市场营销	21营销3	2002/4/5	60
11	2180404105	程同伟	男	广东肇庆	汉族	党员	信息工程学院	标准化工程	21标准化3	2003/11/21	40
26	2180705209	曹杰惠	女	广东中山	汉族	党员	经济与管理学院	市场营销	21营销2	2003/2/2	100
38	2180802239	周雅铭	女	广东广州	汉族	党员	理学院	数学与应用数学	21数学2	2003/2/12	99
41	2180803203	郝儇萱	女	河南周口	汉族	党员	理学院	应用物理学	21应物1	2003/11/7	82
45	2180803231	钱渊博	男	广东东莞	汉族	党员	理学院	应用物理学	21应物2	2003/3/21	90
48	2180904107	马强	男	安徽阜阳	汉族	党员	生命科学学院	生物技术	21生技1	2002/4/10	65
52	2181103212	肖雨辰	女	广东揭阳	汉族	团员	外国语学院	英语	21英语3	2002/11/10	92
53	2181201323	钱移伟	男	广东茂名	汉族	群众	外国语学院	英语	21英语3	2002/3/22	77
54	2181201329	木麦麦	女	广东茂名	汉族	党员	外国语学院	英语	21英语3	2001/12/10	94
55	2181202187	曹军	女	广西百色	汉族	党员	外国语学院	英语	21英语2	2002/10/2	90
57	2181202215	宋晓洁	男	广东揭阳	汉族	党员	外国语学院	汉语国际教育	21汉教2	2000/8/16	87
60	2181501134	马健	女	广东中山	瑶族	党员	信息工程学院	标准化工程	21标准化1	2001/12/10	93

◆ 图3.3.30　设置筛选条件

注意:通过【将筛选结果复制到其它位置】设置的筛选结果,只能通过手动删除行的方式删除。

【例 3-21】为以下要求设置筛选条件并验证结果。

通过观察前面两个任务设置的筛选条件,可以看出,如果需要若干个条件同时成立才显示数据,就把所有条件放到一行上,条件之间是"与"的关系;如果只需要其中的任一条件成立即可显示数据,则条件之间是"或"的关系,要把条件放到不同的行上。

(1) 筛选出专业"标准化工程"且服务时长大于 100 的同学。

分析:

条件 1 :【专业】等于【标准化工程】

条件 2 :【服务时长】大于【100】

关系:条件 1、条件 2 是"与"关系

(2) 筛选出生物技术专业的团员或籍贯是广东中山的同学。

分析:

条件 1 :【专业】等于【生物技术】

条件 2 :【政治面貌】等于【团员】

条件 3 :【籍贯】等于【广东中山】

关系:条件 1、条件 2 是"与"关系

　　　条件 3、【条件 1、条件 2 的"与"】是"或"关系

(3) 筛选出 21 营销 1、21 英语 3 这两个班的同学。

分析:

条件 1 :【班级】等于【21 营销 1】

条件 2 :【班级】等于【21 英语 3】

关系：条件1、条件2是"或"关系

根据以上的关系分析，得出筛选条件如图3.3.31所示。

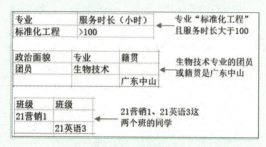

◆ 图3.3.31　筛选条件

5. 分类汇总

分类汇总包含【分类字段】、【汇总方式】、【汇总项】。分类字段表示按哪个字段进行分类，汇总方式有求和、计数、平均值、最大值、最小值等，汇总项表示对哪个字段进行汇总计算。

注意：在汇总前一定要按照分类字段进行排序。

分类汇总

【例3-22】按照学院汇总志愿服务时长的平均值。

(1) 先对"所在学院"列进行排序，升序、降序均可。

(2) 选中工作表数据中的任一单元格，单击选项卡【数据】→【分类汇总】打开【分类汇总】窗口，设置分类字段为"所在学院"、汇总方式为"平均值"、汇总项为"服务时长"，选中【替换当前分类汇总】、【汇总结果显示在数据下方】，如图3.3.32所示。

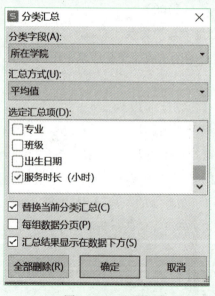

◆ 图3.3.32　分类汇总

单击【确定】按钮得到汇总结果，如图 3.3.33 上部效果所示。单击左侧的【-】可进行折叠数据，全部数据折叠得到图 3.3.33 下方的显示效果，单击【+】就会展开数据。

1 2 3		A	B	C	D	E	F	G	H	I	J	K	L
	1	序号	学号	姓名	性别	籍贯	民族	政治面貌	所在学院	专业	班级	出生日期	服务时长（小时）
	2	6	2180203212	钱培渊	男	广东江门	汉族	党员	经济与管理学院	市场营销	21营销3	2002/4/5	60
	3	7	2180205104	程天福	男	安徽滁州	苗族	团员	经济与管理学院	市场营销	21营销3	2002/12/16	88
	4	8	2180205218	程思斌	男	湖南衡阳	汉族	团员	经济与管理学院	市场营销	21营销3	2003/3/29	20
	5	24	2180705118	史嘉阳	男	广东茂名	汉族	团员	经济与管理学院	市场营销	21营销1	2003/9/28	92
	6	25	2180705137	钱建树	男	广东中山	汉族	团员	经济与管理学院	市场营销	21营销1	2003/10/10	86
	7	26	2180705209	曹杰惠	女	广东中山	汉族	党员	经济与管理学院	市场营销	21营销2	2003/2/2	100
	8	27	2180705237	何博南	男	湖南邵阳	汉族	团员	经济与管理学院	市场营销	21营销2	2003/11/27	83
	9	51	2181001411	曹昊	男	广东中山	苗族	团员	经济与管理学院	市场营销	21营销2	2001/12/10	94
	10								经济与管理学院　平均值				77.875
	11	28	2180802121	肖宗杰	女	湖南邵阳	汉族	团员	理学院	数学与应用数学	21数学1	2003/3/5	88
	12	29	2180802123	程敏	女	广东惠州	壮族	团员	理学院	数学与应用数学	21数学1	2002/12/5	83
	13	30	2180802131	程雪昕	女	广东中山	汉族	团员	理学院	数学与应用数学	21数学1	2003/1/23	98

1 2 3		A	B	C	D	E	F	G	H	I	J	K	L
	1	序号	学号	姓名	性别	籍贯	民族	政治面貌	所在学院	专业	班级	出生日期	服务时长（小时）
	10								经济与管理学院　平均值				77.875
	29								理学院　平均值				84.72222222
	35								生命科学学院　平均值				84.8
	46								外国语学院　平均值				88.7
	66								信息工程学院　平均值				88.21052632
	67								总平均值				85.58333333

◆ 图3.3.33　汇总效果

汇总的删除：再次打开汇总窗口，单击【全部删除】即可删除掉汇总产生的行。

【例 3-23】按照专业、性别汇总志愿者的人数。

(1) 先对"专业""性别"列进行排序，"专业"为主关键字、"性别"为次关键字。

(2) 选中工作表数据中的任一单元格，打开【分类汇总】窗口，设置分类字段为"专业"、汇总方式为"计数"、汇总项为"姓名"，选中【替换当前分类汇总】、【汇总结果显示在数据下方】，设置如图 3.3.34 所示。

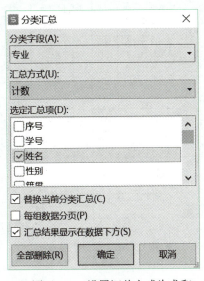

◆ 图3.3.34　设置汇总方式为求和

137

(3) 在刚才的汇总结果基础上，再次打开【分类汇总】窗口设置分类字段为“性别”、汇总方式为“计数”、汇总项为“姓名”，取消【替换当前分类汇总】的选中状态，进行汇总的叠加，设置如图 3.3.35 所示。部分汇总结果如图 3.3.36 所示。

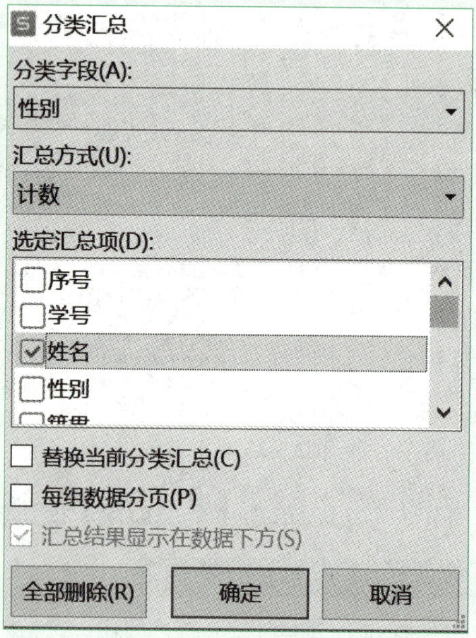

图3.3.35　叠加分类汇总

	A	B	C	D	E	F	G	H	I	J	K	L
1	序号	学号	姓名	性别	籍贯	民族	政治面貌	所在学院	专业	班级	出生日期	服务时长（小时）
2	10	2180402420	胡益镇	男	广东揭阳	汉族	团员	信息工程学院	标准化工程	21标准化3	2001/9/30	81
3	11	2180404105	程同伟	男	广东肇庆	汉族	党员	信息工程学院	标准化工程	21标准化3	2003/11/21	40
4			2	**男 计数**								2
5	9	2180402417	赵嘉玥	女	广东河源	汉族	团员	信息工程学院	标准化工程	21标准化2	2002/9/12	82
6	58	2181501102	宋莹莹	女	广东揭阳	汉族	团员	信息工程学院	标准化工程	21标准化1	2002/2/6	120
7	59	2181501108	赵乔威	女	广东茂名	汉族	团员	信息工程学院	标准化工程	21标准化1	2002/9/27	95
8	60	2181501134	马健	女	广东中山	瑶族	党员	信息工程学院	标准化工程	21标准化1	2001/12/10	93
9			4	**女 计数**								4
10			0						**标准化工程 汇总**			
11	13	2180502126	孙瑶	男	湖南衡阳	汉族	团员	信息工程学院	材料化学	21化学1	2003/5/4	88
12	15	2180502212	曹嘉俊	男	广东中山	汉族	团员	信息工程学院	材料化学	21化学2	2001/9/9	96
13	17	2180502222	潘儒锋	男	广东韶关	汉族	群众	信息工程学院	材料化学	21化学2	2003/11/9	91
14	18	2180502226	胡若云	男	广东清远	汉族	团员	信息工程学院	材料化学	21化学2	2002/4/13	90
15			4	**男 计数**								4
16	12	2180502110	胡来潇	女	广东清远	苗族	团员	信息工程学院	材料化学	21化学1	2002/11/4	84
17	14	2180502206	曹清清	女	广东中山	汉族	团员	信息工程学院	材料化学	21化学2	2003/1/5	118
18	16	2180502220	钱西西	女	广东中山	汉族	团员	信息工程学院	材料化学	21化学2	2002/9/10	86
19			3	**女 计数**								3
20			0						**材料化学 汇总**			

图3.3.36　部分汇总结果

1. 期中考试已结束，各门成绩输入了表格，总分排名也进行了计算，现需要对考试成绩表进行分析。素材见文件"3.3 作业 .xls"中的"1、考试分析表"工作表。

(1) 按照总分从高到低排名，总分相同则按照语文从低到高排列。

(2) 筛选出前 10 名的同学。

(3) 筛选出语数英均不及格的同学。

(4) 筛选出品德、科学任一科不及格的同学。

2. 从国家统计局获取目前主要城市的相关数据，包含 2016 年到 2019 年的 GDP、人口、社会商品零售总额等，从这些数据感受中国经济的飞速发展。素材见文件"3.3 作业 .xls"中的"2、主要城市年度数据"工作表。现进行如下分类汇总：

(1) 计算出每年全部城市的国民生产总值、年末总人口和社会商品零售总额的平均值。

(2) 筛选出 2019 年国民生产总值、年末总人口、社会商品零售总额均高于当年平均值的城市。

(3) 筛选出 2019 年国民生产总值或年末总人口高于当年均值的省份。

(4) 根据统计项进行汇总，计算各城市的统计项平均值。

(5) 把 2019 年国民生产总值高于当年平均值的数据用红色字体标识。

3. 通过查看 2015—2019 年我国各省市 IT 行业就业人员平均工资数据，了解 IT 行业的就业行情。素材见文件"3.3 作业 .xls"中的"3、IT 行业工资"工作表。从以下几个方面去分析：

(1) 按照 2019 年的工资从高到低进行排序。

(2) 按照省份的名称拼音的升序进行排序。

(3) 计算出每年各省的平均工资。

(4) 筛选出历年工资均高于当年各省平均工资的省份。

任务 3.4　表格数据呈现

 **任务情境**

年底了，部门要进行工作总结了。小王在写工作总结的过程中需要对今年的活动经费进行分析，其中购买外出慰问品的支出是重点。要从哪些方面入手去分析这些支出呢？怎样的结果能让人一目了然、过目不忘呢？

任务分析

观察原始数据的数据列，分析数据列之间的关联关系，需要重点关注数字列与文字列之间的关系。通常通过文字列进行分类，对数字列进行数学统计，例如统计每个月的采购金额、各种类别的商品实际采购数量。利用数据透视表展示统计数据，通过数据透视图展示这些统计数据，通过图表直观地展示数据。

相关知识点

1. 数据透视表和数据透视图

使用数据透视表可以汇总、分析、浏览和呈现汇总数据。数据透视图通过对数据透视表中的汇总数据添加可视化效果来对其进行补充，以便用户轻松查看比较数据、预测趋势。借助数据透视表和数据透视图，用户可对企业中的关键数据做出明智决策。

2. 图表

数据图形可视化展示是当前工业、商业、金融等领域的重要应用，通常采用图表进行数据可视化展示，直观地显示数据、对比数据、分析数据。条形图、柱状图、折线图和饼图是图表中四种最常用的基本类型。一般运用条形图、柱形图来比较数据间的多少关系；用折线图反映数据间的趋势关系；用饼图表现数据间的比例分配关系。

任务实施

1. 建立数据透视表

打开素材文件"3.4 购物清单分析"中的"志愿服务购物清单分析"工作表，通过数据透视表进行数据分析。

【例 3-24】统计每个月各种物品的购买数量。

1) 计算月份

根据任务要求，需要先计算每件物品购买日期的月份。在 O1 单元格中输入标题"月份"，在 O2 单元格中计算第一行数据的购买月份，输入公式"=MONTH(H2)"，MONTH 是获取日期的月份函数，其他行的数据用填充柄获取。

简单数据
透视表、图

2) 创建透视表

单击工具选项卡【数据】→【数据透视表】打开【创建数据透视表】窗口，将【请选择要分析的数据】的【请选择单元格区域】设置为"$A$1:$O$19"，将【请选择放置数据透视表的位置】选择为【新工作表】，如图 3.4.1 所示，单击【确定】按钮后创建了包含数据透视表的新工作表，将新工作表改名为"数据透视表 1"。

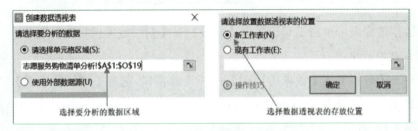

◆ 图3.4.1　创建数据透视表

3) 编辑数据透视表

在"数据透视表 1"工作表中为数据透视表选择字段列表中的"物品名称""实际采购""月份"三个字段。在【数据透视表区域】里通过拖拽的方式进行字段调整，设置【行】为"物品名称"，【列】为"月份"，【值】为"求和项：实际采购"，如图 3.4.2 所示，得到的数据透视表如图 3.4.3 所示。

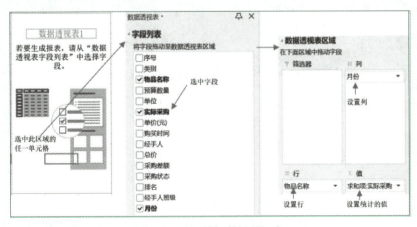

◆ 图3.4.2　编辑数据透视表

求和项:实际采购	月份				
物品名称	9	10	11	12	总计
大米		60	20		80
毛巾		60			60
铅笔	180	60			240
签字笔	160		120		280
食用油		30	20		50
书籍	280		60		340
水杯				45	45
文具盒	120				120
洗发露				25	25
香皂				30	30
牙膏			18		18
纸巾		50	35		85
总计	740	260	273	100	1373

◆ 图 3.4.3 　汇总结果

清除数据透视表：单击工具选项卡【分析】→【删除数据透视表】即可。

4) 建立数据透视图

通过单击【分析】→【数据透视图】打开设置窗口,选择【簇状柱形图】,如图 3.4.4 所示。单击【插入】按钮后返回数据透视表界面，得到数据透视图，调整图形大小及位置，如图 3.4.5 所示。

◆ 图 3.4.4 　插入数据透视图

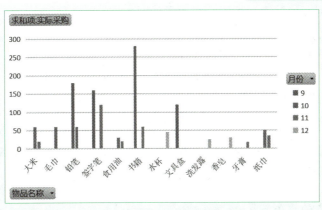

◆ 图3.4.5　数据透视图效果

【例 3-25】统计采购人采购的各类别商品的采购数量的最大值和采购款总额。

(1) 选中工作表"志愿服务购物清单分析"中的数据建立数据透视表,存放位置为"新工作表",然后修改新工作表名为"数据透视 2"。

(2) 在"数据透视 2"中,数据透视表的字段列表中选择"类别""实际采购""经手人""总价",如图 3.4.6 左侧所示。

(3) 将【数据透视表区域】中的【行】设置为"经手人",【列】设置为"类别"。

复杂数据透视表

(4) 修改设置【值】区域的实际采购汇总方式为最大值,方法是:单击"求和项:实际采购"后,选中【值字段设置】打开值字段设置窗口,选择值字段汇总方式为最大值。

设置完成后,效果如图 3.4.6 右侧所示。

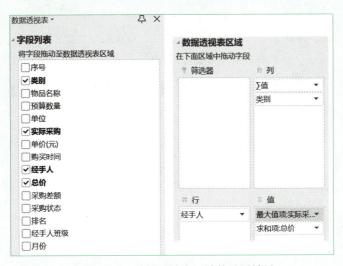

◆ 图3.4.6　数据透视表区域的设置效果

经以上操作得到数据透视表的最终效果如图 3.4.7 所示。

值	类别 ▼							
最大值项:实际采购			求和项:总价			最大值项:实际采购汇总	求和项:总价汇总
经手人 ▼	生活用品	食品	学习用品	生活用品	食品	学习用品		
钱飞飞	35		120	350		1800	120	2150
钱莉			280			4830	280	4830
钱培渊	50	30		1175	2400		50	3575
沈振康	60	20	180	864	1600	90	180	2554
史逸		20	120		1200	1440	120	2640
朱鑫	30	60		650	3600		60	4250
总计	60	60	280	3039	8800	8160	280	19999

◆ 图3.4.7　数据透视表最终效果

5) 数据透视表的排序与筛选

单击汇总项标题的行或列标题右侧的三角形按钮，会出现排序、筛选按钮，如图 3.4.8 所示。单击"经手人"的【升序】后，汇总数据会按照经手人姓名排序。

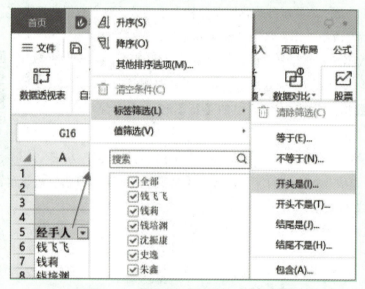

◆ 图3.4.8　数据透视表的排序及筛选功能

筛选出"钱"姓经手人的方法是：单击【标签筛选】→【开头是】，在弹出的窗口中输入"钱"后单击【确定】按钮得到筛选结果，如图 3.4.9 所示。

值	类别 ▼					
最大值项:实际采购			求和项:总价		
经手人 ▼	生活用品	食品	学习用品	生活用品	食品	学习用品
钱飞飞	35		120	350		1800
钱莉			280			4830
钱培渊	50	30		1175	2400	
总计	50	30	280	1525	2400	6630

◆ 图3.4.9　筛选后的效果

2. 图表

图表是数据可视化的直观体现，能够用图形的方式更形象地展示数据。图表的类型很多，用户可根据数据的类型及实际需要选择不同的图表。选中要显示的数据区域后，单击选项卡【插入】→【全部图表】可打开图表创建窗口，也可在【插入】选项卡下直接单击不同类型图表对应的快捷方式图标去创建图表，如图 3.4.10 所示。

制作图表

◆ 图3.4.10　数据透视表快捷菜单

【例 3-26】制作各种物品的预算采购数量和实际采购量的折线图。

(1) 通过原始数据准备折线图需要的数据。

① 新建"图表"工作表，复制原始数据中的"物品名称"列，通过【数据】→【重复项】→【删除重复项】操作，得到不重复的物品名称。

② 用 SUMIF 函数计算各种物品名称的预算数量和实际采购量。最终得到的数据如图 3.4.11 所示。

物品名称	预算数量	实际采购
文具盒	100	120
铅笔	160	240
签字笔	300	280
书籍	380	340
大米	70	80
纸巾	90	85
食用油	50	50
毛巾	50	60
牙膏	16	18
香皂	40	30
洗发露	20	25
水杯	50	45

◆ 图3.4.11　获取图表数据源

(2) 制作折线图。定位到数据区域，打开创建图表窗口，左侧选择【折线图】，右上选择【堆积折线图】后，双击图例即可创建图表，图表创建完成后可调整其位置与大小，如图 3.4.12 所示。

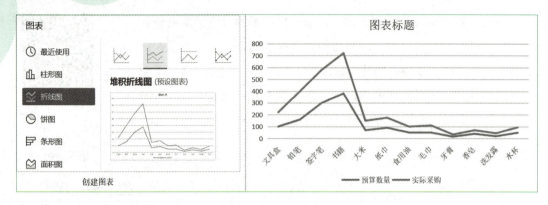

◆ 图3.4.12 插入折线图

(3) 美化折线图。鼠标定位到新建的图表上，会出现选项卡【图表工具】，包括【添加元素】、【快速布局】、【更改颜色】、【预设样式】等工具。

① 添加图表标题。依次选择【图表工具】→【添加元素】→【图表标题】→【图表上方】后，出现标题文本框，输入"购物数量分析"。或者通过图表右侧的第一个图标打开【图表元素】设置窗口，选中【图表标题】。方法如图 3.4.13 所示。其他图表元素的添加与隐藏可用类似方法实现。

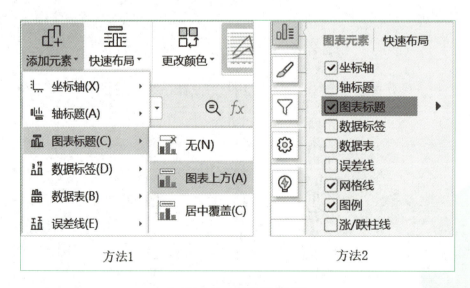

◆ 图3.4.13 设置图表标题

② 修改布局方式，显示原始数据。单击【图表工具】→【快速布局】，选择【布局5】。单击左侧的坐标轴标题，输入"数量"，如图 3.4.14 所示。

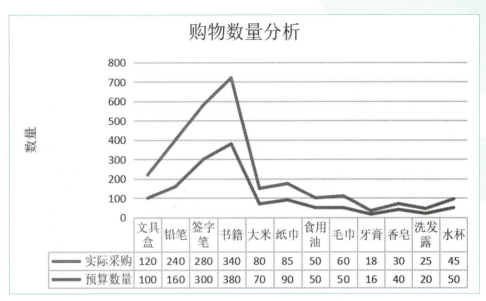

◆ 图3.4.14　修改坐标轴得到折线图

③ 更改配色方案及样式。在【图表工具】→【更改颜色】处选择颜色方案，右侧的预设样式会自动更换。通过单击预设样式效果缩略图即可选择样式，图表就会自动应用此样式。也可直接单击图表中的线条，在系列选项中设置颜色。

④ 显示与隐藏轴坐标。利用图 3.4.13 中的【轴标题】选项可实现坐标轴标题的显示与隐藏。

⑤ 修改图表类型。在图表区域中，单右键选择【更改图表类型】，重新设置图表为【簇状柱形图】，如图 3.4.15 所示，并在【图表元素】设置窗口里去掉【数据表】，得到的结果如图 3.4.16 所示。

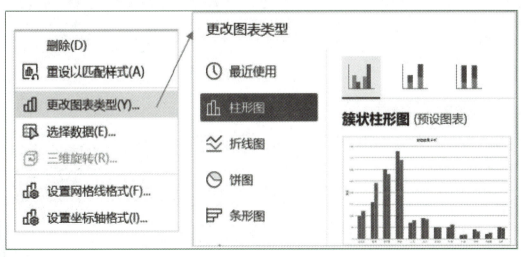

◆ 图3.4.15　修改图表类型

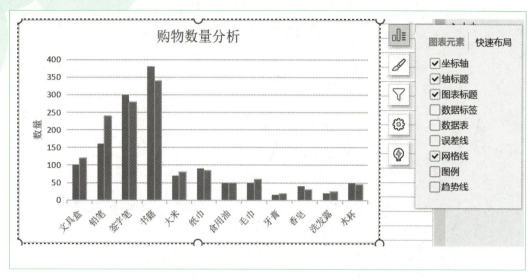

◆ 图3.4.16　设置图表元素的显示与隐藏

⑥ 修改坐标轴格式。对着坐标轴处单击右键选择【设置坐标轴格式】，打开坐标轴格式设置界面，设置边界最大值为400、主要单位为100。最终得到如图 3.4.17 所示的效果。

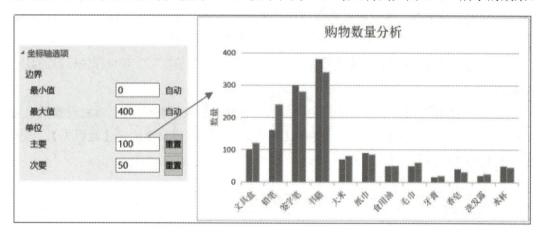

◆ 图3.4.17　修改图表坐标轴

【例 3-27】为各类别购物金额占比制作饼图。

(1) 选中制作图表需要的数据区域：类别标题 + 采购金额数据，如图 3.4.18 所示。

	学习用品	食品	生活用品
采购次数	7	4	7
采购金额	8160	8800	3039

◆ 图3.4.18　选择图表数据源区域

制作饼图

(2) 通过单击【插入】选项卡下的图表快捷方式选择【二维饼图】生成饼图，如图 3.4.19 所示。

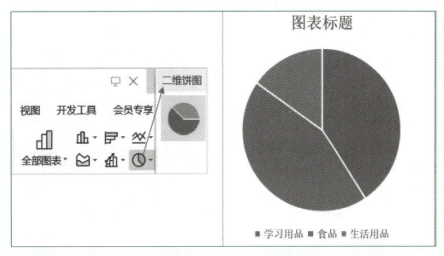

◆ 图3.4.19　插入饼图

(3) 在图例上显示百分比。单击饼图，其右上角会出现五个垂直排列的图标。单击第 1 个图标，在出现的【图表元素】选项里选中【数据标签】并设为【居中】。设置完成后，饼图内的各个图例区域会显示出其对应的数值。单击饼图内的任意数字，单击鼠标右键，选择【设置数据标签格式】打开【标签】设置窗口，在【标签包括】里设置【百分比】为选中状态、【值】为未选中状态，如图 3.4.20 所示。

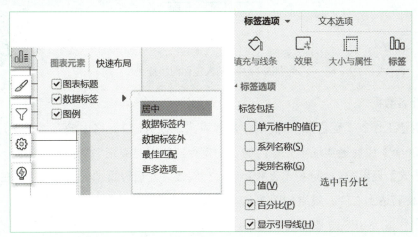

◆ 图3.4.20　设置饼图显示数据为百分比形式

(4) 修改图例中食品的颜色为绿色。双击图例颜色里的"橙色食品"区域，在右侧的【图例项选项】处设置填充色为"绿色"即可，如图 3.4.21 所示。

(5) 修改图表标题为"各类别采购金额百分比"，得到最终效果，如图 3.4.22 所示。

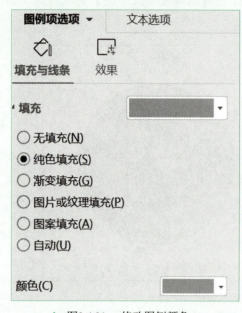

◆ 图3.4.21　修改图例颜色

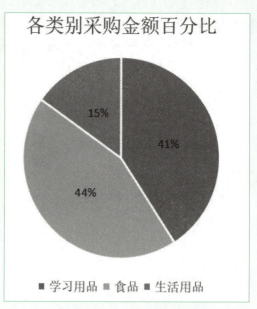

◆ 图3.4.22　饼图最终效果

【例3-28】为购物统计表添加迷你图。

迷你图只有折线图、柱形图、盈亏图三种类型。通过单击选项卡【插入】下的迷你图快捷方式即可快速插入迷你图，如图3.4.23所示。

◆ 图3.4.23　插入迷你图快捷菜单

迷你图

(1) 准备数据。

① 新建工作表"迷你图"，先制作斜线表头。在A1单元格中输入"类别月份"，利用【Alt+Enter】快捷键实现单元格内的手动换行，使得"类别""月份"各占一行。打开【单元格格式】设置窗口，选择【边框】后添加斜线。然后设置单元格左对齐，在"月份"前加空格使其达到右侧。效果如图3.4.24所示。

② 利用SUMIFS函数统计每个月各类别物品的购物金额，先在B2单元格中计算9月份的学习用品的购物金额，输入"=SUMIFS(' 志愿服务购物清单分析 (处理) '!$J$2:$J$19,' 志愿服务购物清单分析 (处理) '!$B$2:$B$19,$A2,' 志愿服务购物清单分析 (处理) '!$O$2:$O$19,B$1)"。其他单元格数据利用填充柄自动填充获取，如图3.4.25所示。

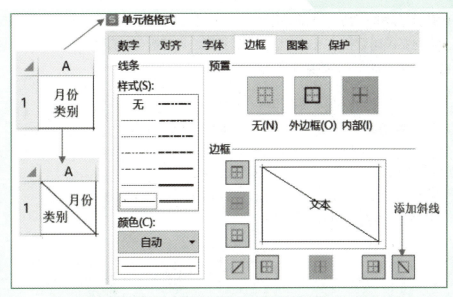

◆ 图3.4.24　制作斜线表头

月份＼类别	9	10	11	12
学习用品	6690	30	1440	0
食品	0	6000	2800	0
生活用品	0	1220	494	1325

◆ 图3.4.25　制作图表数据

(2) 设置数据表的 F 列为"分析图"列。在 F1 单元格中添加列标题"分析图"。在第一行迷你图单元格 G2 中单击【插入】→【折线】，弹出【创建迷你图】窗口，如图 3.4.26 所示。【数据范围】设置为第一行数据"学习用品"的 9 ～ 12 月份的采购总金额 B2:E2。本列其他单元格的数据用填充柄填充获取。

◆ 图3.4.26　添加迷你图

(3) 编辑迷你图。选中生成的迷你图,会出现【迷你图工具】选项卡。【迷你图工具】选项卡主要包括编辑数据、图形类型、显示模式、设置颜色、标志点等。例如将迷你图设置为绿色、显示高点,其效果如图 3.4.27 所示。

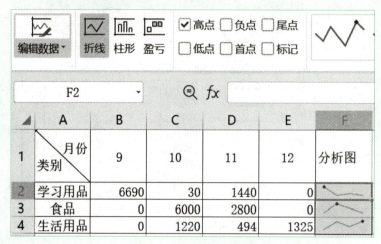

◆ 图3.4.27　编辑迷你图

(4) 清除迷你图。使用【迷你图工具】→【清除】可删除掉产生的迷你图。

1. 打开文件"3.4 作业"的"1、考试分析表"工作表,对成绩表进行分析展示。具体操作如下:

(1) 制作数据透视表,分析各班各科成绩的平均分,得到的结果保留小数点后 2 位,如图 3.4.28 所示。

班级	值				
	平均值项:数学	平均值项:英语	平均值项:语文	平均值项:品德	平均值项:科学
二（1）	64.75	48.75	83.17	49.58	49.33
二（2）	58.64	52.55	87.09	51.45	43.45
二（3）	53.00	49.00	86.22	46.00	41.22
总计	59.34	50.13	85.38	49.22	45.03

◆ 图3.4.28　各班每科平均分数据透视表

(2) 利用数据透视表统计各班人数,如图 3.4.29 所示。

(3) 利用数据透视表统计各班年级排名前十的人数，如图 3.4.30 所示。

计数项:姓名	
班级 ▼	汇总
二（1）	12
二（2）	11
二（3）	9
总计	32

名次	（多项）▼
计数项:姓名	
班级 ▼	汇总
二（1）	4
二（2）	3
二（3）	3
总计	10

◆ 图3.4.29　汇总班级人数　　◆ 图3.4.30　汇总各班年级排名前十的人数

(4) 实现上一步制作的各班年级排名前十名的人数的数据透视表的图形化表示，即利用数据透视图制作数据的饼图，如图 3.4.31 所示。

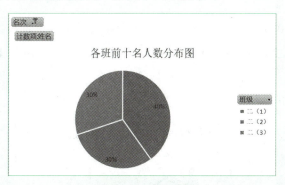

◆ 图3.4.31　饼图效果

2. 市场部要制作最新房地产市场分析，拿到了 2021 年 9 月各房企在主要中心城市的房屋销售数据，见素材文件"3.4 作业"的"2、房地产销售数据"工作表，需要进行数据的展示。

(1) 用柱形图展示房产销售数据，如图 3.4.32 所示。

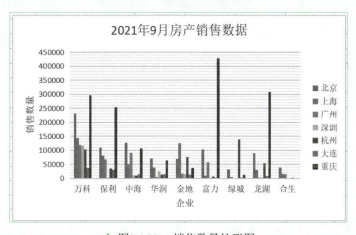

◆ 图3.4.32　销售数量柱形图

(2) 用折线图展示销售数据，要求城市作为横坐标，效果如图 3.4.33 所示。

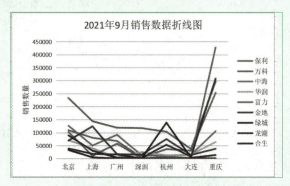

◆ 图3.4.33　销售数量折线图

3. 把 2015—2019 年我国各省市 IT 行业就业人员平均工资数据表用图表的形式展示出来。素材见文件"3.4 作业"的"3、IT 行业人员工资表"工作表。

(1) 选择北京、天津、上海、广东四个地区的数据，制作数据雷达图，效果如图 3.4.34 所示。

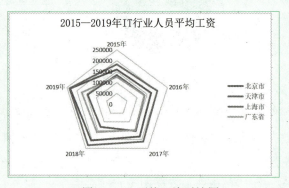

◆ 图3.4.34　平均工资雷达图

(2) 制作工资折线图，效果如图 3.4.35 所示。

	2015年	2016年	2017年	2018年	2019年
北京市	159486	170531	183183	205834	234121
天津市	134331	137440	151778	128696	144510
河北省	93983	109196	84317	86861	94052
山西省	60160	64686	77870	83095	84761

◆ 图3.4.35　平均工资折线图

第4单元 WPS演示文稿制作

课程思政

打破技术封锁，荣膺大国工匠

随着我国的崛起，很多西方国家对我们在高科技领域实施技术封锁。我国在战斗机研发制造上有一定的突破，但在关键技术上美国一直对我们实行技术封锁。面对西方国家"卡脖子"的行为，毕业于技工学校的洪家光凭借专业技能刻苦钻研，一举打破美国的技术封锁，为国家创造上百亿的价值，使美国封锁成为国际笑话。洪家光本人也成为我国最年轻的大国工匠。科技强国，青年担当！请观看视频"打破技术封锁，荣膺大国工匠"。

打破技术封锁
荣膺大国工匠

任务 4.1 用 WPS 演示文稿做工作总结汇报

任务情境

一个学期快结束了，学校要召开期末工作总结会议。团委也需要在这个会议中将自己一学期以来的工作做一个总结汇报。小刘需要制作一份 WPS 演示文稿，在总结会上可以通过大屏幕向大家介绍团委的基本情况，团委这一个学期以来完成的各项工作以及下一个学期的工作计划。

任务分析

学校团委一直以来都是一个朝气蓬勃的团体。本工作任务要求设计一份能充分展示团委整体风貌，一学期以来工作成绩以及下学期工作规划的演示文稿。为达成该目的，演示文稿应条理清晰、图文并茂。

相关知识点

1. WPS 演示

WPS 演示是金山软件股份有限公司推出的 WPS(文字处理系统) 套件中的一部分。用户可以在投影仪、电脑或其他设备上进行演示，也可以将演示文稿打印出来以便应用到更广泛的领域中。利用 WPS 演示文稿不仅可以创建演示文稿，还可以在互联网上召开面对面会议、远程会议或在网上给观众展示演示文稿。与 WPS 文字相比，其表现形式更加灵活，更适合于演示。

2. 设计审美

好的演示文稿一般具有如下特征：

(1) 图片清晰美观：选择清晰、比例协调且与展示内容密切相关的图片。

(2) 字体优美协调：WPS 文稿字体要选择适合内容的优美字体，大小要适中，比例要协调。

(3) 色彩搭配协调：根据展示内容确定展示主题色，运用同一个颜色的不同饱和度表示不同内容。颜色一般不超过三种，可以是互补色或者对比色等。

(4) 排版简洁大方：WPS 文稿版面要简洁大方。对齐方式要一致，根据表达的需要，有一定的对比、亲密等感觉。

(5) 页面动感有层次：可适当通过图标等可视化元素或简单的动画，使整个页面更加生动。

(6) 留白合理：WPS 文稿要有留白且要统一。

(7) 风格统一：包括同一个页面的风格统一和一套演示文稿里不同页面风格统一两个层面。在同一个页面里面，应保证所使用的各种元素，如图片、字体、文本框边框等的风格都应该保持一致。而在同一套演示文稿里，可通过使用相同的配色方案、字体设置来体现风格统一，不同页面的页面设计则可以通过使用相同或相似的元素来体现风格统一。

除以上要求以外，因为演示文稿是用于演示的，留给观看者的时间有限，且可能观看者与演示文稿还会有较大的距离，所以要追求用尽量少的文字表现尽量多的内容。为了达到这样的目的，应做到如下几点：

(1) 不要在同一页出现大量的文字：来不及阅读。

(2) 不要使用过小的文字：不方便阅读。

(3) 保证背景颜色和文字颜色对比鲜明：如若使用深色背景，那么一定搭配的就是浅色文字，而使用浅色背景的时候，则一定搭配的是深色文字。

(4) 合理使用各种表格，图表、图形图像可有效增加每页演示文稿里面包含的信息量。

3. WPS 演示的基本操作

1）插入、删除、复制和移动幻灯片

演示文稿显示为页，播放时一个页面的内容同一时间显示在屏幕上，并按页面先后顺序依次播放。页面可进行插入、删除、复制等基本操作，也可通过拖拽鼠标移动其位置（即修改其播放顺序）。

2) 动画

动画是演示文稿的一大特色，在【动画】选项卡下，可以进行动画效果的相关操作。

3) 切换

动画效果让同一个页面里面的内容动起来，而切换效果则体现在不同页面之间。切换相关效果可通过【切换】选项卡进行设置。

4) 备注

在幻灯片的备注区可添加备注信息供演讲者参考，备注信息不会在演讲过程中显示。

5) 放映

演示文稿制作出来是为了演示用的，因此，演示文稿有编辑和放映两种模式。切换到放映选项卡，可以看见放映支持【从头开始】放映演示文稿或者从【当页开始】放映演示文稿。另外也可以通过【自定义放映】选择特定内容进行放映，还可以通过【排练计时】对幻灯片的放映方案先行规划。另外，通过快捷键【F5】也可以实现从头开始放映演示文稿。

4. WPS 演示文稿中的表格

为了更好地表达一些统计数据，WPS 演示文稿中也可以插入表格。在【插入】选项卡下面【表格】组中可以进行插入表格的相关操作。表格可以是原生的表格，自己进行美化，也可以直接插入一些内容型的表格。

5. WPS 智能图形

【插入】选项卡下还有【插入智能图形】按钮，【智能图形】又分为【智能图形】和【关系图】两个大类。智能图形可以用来快速制作各种逻辑关系图形。与先绘制图形，添加文字，再通过箭头、线等将它们组织起来，再对各个对象进行美化的流程相比，直接使用【智能图形】显然更省时省力，且美化效果也更好。目前，【智能图形】提供列表、流程、循环、层次结构、关系、矩阵、棱锥图、图片等不同类型的智能图形；【关系图】也提供组织结构图、象限、并列、流程等多种不同类型的关系图。

6. 视图

为了满足演示文稿的不同应用场景，演示文稿支持多种不同的视图模式。在"视图"选项卡下可以看见其支持【普通模式】、【幻灯片浏览】、【备注页】、【阅读视图】、【幻灯片母版】等视图模式。

7. 版式

除设计主题以外，版式也是影响演示文稿最终效果的一个重要因素。版式即版面格式，具体是指图片、文字、标题、页码等的大小及排列方法。WPS 演示文稿支持直接套用设计好的版式，也支持自己进行个性化的版式设计。

8. 设计

WPS 演示文稿自带设计模板，风格统一美观。登录之后部分模板可以直接免费使用，也有一部分需要付费使用。使用模板可以保持风格统一，极大地降低了演示文稿的工作量，对初学者极其友好。

9. 一份完整的演示文稿的基本结构

一份完整的演示文稿，如一本包装精美的书，至少应包含封面页、目录页、内容页、结束页这几个基本内容。封面页的作用是体现整个演示文稿的主题；结束页一般是致谢，还可以包含作者或演示者的联系方式；目录页应具备直接跳转到对应页面的功能；封面页、目录页和结束页一般各一页，内容页则有多页，还可以包含多种不同版式。所有页面应保持相同的风格。

10. 占位符

占位符是用来占位的符号。在演示文稿中，它是文本、图形或视频内容进行预设格式的工具。使用占位符可以更轻松一致地设置演示文稿的格式。占位符占住位置后，可以往里面添加内容。

文本占位符一般表现为一个虚线框，虚线框内部通常带有【单击此处添加标题】之类的提示语，鼠标左键单击之后，提示语会自动消失，出现一个竖线显示的光标位置，此时用户可以输入内容。

11. 超链接

WPS 演示文稿中支持超链接。选中需要设置超链接的文字、图片或其他内容，单击鼠标右键，选择【超链接】即可进行超链接的设置。WPS 演示文稿的超链接支持三种不同类型的超链接，分别为：

(1) 原有文件或网页。

(2) 本文档中的位置。

(3) 电子邮件地址。

制作演示
文稿首页

任务实施

1. 制作演示文稿首页

1) 新建、保存文档

单击【开始】按钮 ▦ →【WPS Office】文件夹→【WPS Office】(见图 4.1.1) →【新建】→【新建演示】→【新建空白演示】(见图 4.1.2)，即新建了一个默认名为"演示文稿 1"的 WPS 演示文稿。

◆ 图 4.1.1　从开始菜单打开 WPS

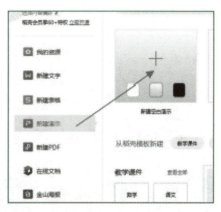

◆ 图 4.1.2　新建演示文稿

若要保存新建的文档，则单击【文件】→【保存】(或【另存为】) →在【另存文件】对话窗口中单击【我的电脑】→选择需要保存到的路径→在【文件名】文本框中输入"团委年终报告"→选择文件类型为【WPS 演示文件 (*.dps)】→单击【保存】按钮完成文件保存，如图 4.1.3 所示。

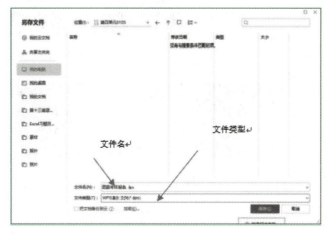

◆ 图 4.1.3　保存

2) 选择设计方案模板

WPS 演示中提供了很多现成的免费和付费的设计方案模板，可以根据需要选择适合的现成方案模板。

◆ 图4.1.4　更多设计

要查看设计方案模板，只需要单击【设计】→【更多设计】(如图 4.1.4 所示)，打开【全文美化】对话框，就可以看见【全文换肤】、【智能配色】、【统一版式】、【统一字体】几个不同模块，在【全文换肤】下单击【分类】，如图 4.1.5 所示。

◆ 图4.1.5　全文美化

图 4.1.6 中的【专区】→【会员专区】里面的模板为会员专享，如果想使用，则需要购买 WPS 稻壳会员，而【免费专区】里面的模板则只要注册登录即可免费使用。

◆ 图4.1.6　分类设置

单击切换到【免费专区】，系统会根据用户在右侧设置的"风格""场景"等元素推荐合适的模板。单击其中的【蓝色极简大气通用模板】(如图 4.1.7 所示)，系统会短暂显示【正在下载】，之后在右侧显示模板预览效果，如图 4.1.8 所示。单击左侧的【智能配色】，选择【优雅豆绿】，单击【应用美化】，将模板应用到当前演示文稿中。如果不做特别的设置，那么后面创建的所有页面将自动运用这一整套已经设计好的美化方案。

◆ 图4.1.7　美化预览

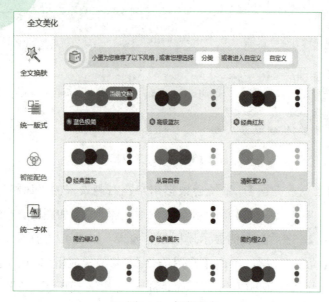

◆ 图4.1.8 智能配色

3) 页面设置

在【设计】选项卡下，单击【页面设置】工具按钮，打开【页面设置】对话框，设置演示文稿为【宽屏】模式，如图 4.1.9 所示。

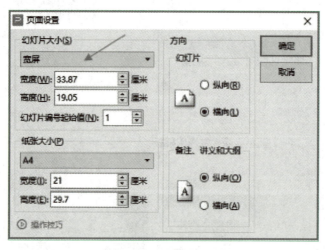

◆ 图4.1.9 页面设置对话框

4) 文字（内容）设计

单击【极简大气通用模板】文本框内部，原来的文字会消失不见，这里就是一个文本占位符。

切换到【开始】选项卡，在【字体】组中设置字体为【华文行楷】，字号为 66，在【段落】组中设置文字居中对齐，然后重新输入内容："年终报告"。

单击【单击此处添加副标题】文本框内部，输入内容"2021"，设置字号为 28，再单击文本框边框，即选中文本框。左键双击文本框，在右侧弹出的【对象属性】面板中单击【形状选项】→【填充与线条】→【填充】→【渐变填充】，然后选择【渐变样式】→【矩形渐变】→【中心辐射】，如图 4.1.10 所示。

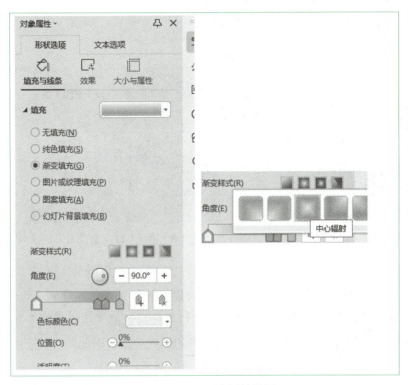

◆ 图4.1.10　对象属性设置

单击"汇报人姓名"文本框，按【del】键删除该文本框，得到的第一张演示文稿的效果图如图 4.1.11 所示。

◆ 图4.1.11　第一张演示文稿效果图

单击快速工具栏的【保存】按钮，保存文档。

2. 制作并保存第二张幻灯片——目录页

目录页

1) 选择目录页

切换到【开始】选项卡，单击【新建幻灯片】下拉按钮，在弹出的下拉列表中选择【目录页】，找到合适的目录页样式，单击进行应用，如图4.1.12、图4.1.13所示。

◆ 图4.1.12　插入目录页

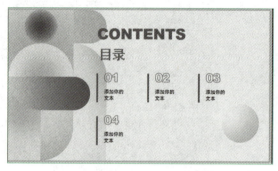

◆ 图4.1.13　目录页设计应用

2) 选择配色

在左侧【幻灯片】视图模式下选中刚刚创建好的目录页，切换到【设计】选项卡，单击【配色方案】，打开下拉菜单，找到刚才首页使用过的"优雅豆绿"配色方案，单击应用。演示文稿要做到"好看"，应避免过多的色彩应用，因此，在整套演示文稿中都需要使用统一的配色方案。目录页配色方案设置如图4.1.14所示。

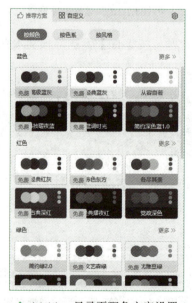

◆ 4.1.14　目录页配色方案设置

3) 添加文本

分别单击四个【添加你的文本】文本框,设置其中的内容,使其符合需求,如图 4.1.15 所示。选中第一个文本框,切换到【开始】选项卡,在字体组中设置字号为 24 号,单击【格式刷】工具按钮,将该文本框中的格式依次复制给其他几个文本框。调整文本框的大小,使目录的每一行文字都在同一行显示。

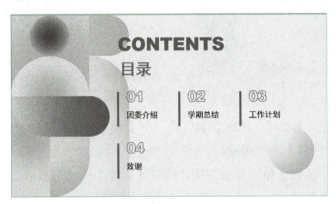

◆ 图4.1.15　目录页最终效果

4) 保存文档

使用【Ctrl + S】组合键保存文件。在制作演示文稿的过程中每隔一段时间对文稿内容进行保存并保留适当的备份是一个非常好的习惯。

制作介绍页

3. 制作介绍页

1) 插入风格一致的幻灯片

在左侧幻灯片缩略图区单击鼠标右键,选择【新建幻灯片】,完成第三页演示文稿的创建。创建新的演示文稿时会采用之前最后一次应用的设计方案。切换到【视图】选项卡,在【幻灯片浏览】视图模式下观察,三张演示文稿的整体效果如图 4.1.16 所示。

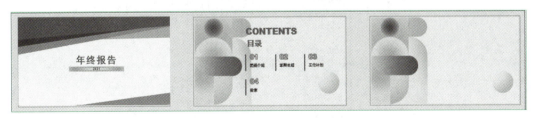

◆ 图4.1.16　前三页演示文稿设置效果

在幻灯片浏览模式下可以看见,由于前后运用了两套不同的设计方案,因此尽管已经在封面页和目录页运用了相同的配色方案,但还是导致三张幻灯片的风格很不一致。而风格不一致会对演示文稿的美观度造成极大的影响。

回到普通视图模式，在任意一张演示文稿上单击鼠标右键，选择【更换设计方案】，在弹出的【全文美化】窗口中按封面页的设置方式对【全文换肤】和【智能配色】进行设置，设置完成后的效果如图4.1.17所示。可以看见，经过统一设计方案的应用，一套演示文稿有了统一的风格，这是演示文稿要美观的最基础的要求。

◆ 图4.1.17　统一设计后的前三页

除了【全文换肤】和【智能配色】以外，在【全文美化】窗口中，还可以看见【统一版式】和【统一字体】两个选项。

在第三页演示文稿上单击鼠标右键，选择【版式】→【母版版式】，选择上标题、下空白内容页版式。

2) 添加标题

单击【单击此处添加标题】文本框内部，设置字号为48，对齐方式为居中，输入内容"团委介绍"。

3) 插入图片

切换到【插入】选项卡，选择【图片】→【本地图片】，按照存放路径找到四张素材图片，插入到本页演示文稿中。单击任意一张图片，双击图片，在右侧出现的对象属性面板中切换到【大小与属性】，去掉【锁定纵横比】选项，然后将高度和宽度同时设置为6厘米，如图4.1.18所示。对四张图片重复同样的操作。

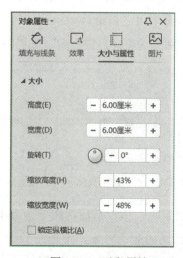

◆ 图4.1.18　对象属性

在图片工具选项卡下单击【对齐】下拉按钮，选择【网格线】，在网格线和鼠标选中图片时出现的辅助线的帮助下将四张图片排列成整齐的 2 × 2 矩阵，如图 4.1.19 所示。

◆ 图4.1.19　图片对齐

4) 设置图片标注

切换到【插入】选项卡，选择【形状】→【标注】→【圆角矩形标注】，如图 4.1.20 所示，然后按住鼠标左键不放，在左上角图片的左侧拖拽出一个矩形。鼠标单击圆角矩形标注，在工具栏中选择"彩色轮廓 - 暗海洋绿 强调颜色 6"，切换到【开始】选项卡，设置字号为 20，在标注文本框中输入"团委书记：＊＊＊"

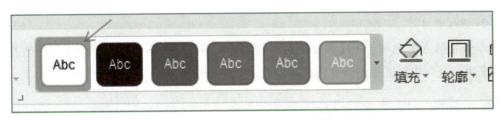

◆ 图4.1.20　标注文本框配色方案设置

鼠标左键拖拽标注文本框选中状态时箭头处的黄色小圆圈，让箭头指向左上角的图片。

在标注文本框选中的状态下按下【Ctrl+C】组合键，再连续使用三次【Ctrl+V】组合键，将标注文本框复制三次，分别将四个文本框拖拽到合适的位置，通过网格线和辅助线帮助四个文本框在横向和纵向对齐，调整标注文本框箭头的位置，使其指向对应的图片，最后修改文本框中的文字，得到如图 4.1.21 所示的效果。

◆ 图4.1.21　第三页最终效果图

5) 保存文档

通过【文件】选项卡菜单下的【保存】对演示文稿进行保存。

4. 制作总结页

1) 播放新幻灯片

将光标定位到普通视图左侧缩略图区最后一张幻灯片下方，回车完成创建一张新的幻灯片。将标题中的文字修改为"学期总结"，切换到第三页演示文稿，单击"团委介绍"文本框内部，再单击【开始】选项卡下的格式刷  工具按钮，回到第四页演示文稿，单击"学期总结"文本框，将"团委介绍"的格式设置复制给"学期总结"。

总结页

2) 插入表格

单击【插入】选项卡下【表格】的下拉菜单，插入一个6行×2列的表格，表格会自动套用一个与主题匹配的设计模式，如图4.1.22所示。

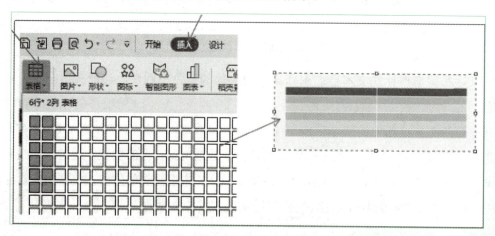

◆ 图4.1.22　自动生成表格

鼠标单击表格，拖拽四个角上的小圆点，将表格调整到合适的大小。表格会自动调整每一行到合适的宽度。

3）美化表格

选中表格，在【表格工具】选项卡下，找到【对齐方式】工具组，设置表格对齐方式为【居中对齐】、【水平对齐】，把鼠标放在表格中的任意位置，使用【Ctrl+A】组合键，选中整个表格，设置字号为 18，如图 4.1.23 所示。

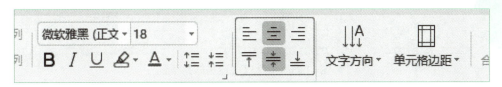

◆ 图4.1.23　设置表格对齐方式

4）完成并保存表格

为表格中添加对应内容，用任意一种方法保存演示文稿，第四页最终效果如图 4.1.24 所示。

学期总结

时间	活动内容
9月	尊师重教
10月	庆国庆
11月	助农活动
12月	纪念一二九
1月	元旦晚会

◆ 图4.1.24　第四页最终效果图

5. 制作第五张幻灯片——工作计划页

1）新建幻灯片

用任意一种方式在已有演示文稿最后新建一页演示文稿，设置与前两页相同的版式，标题为"工作计划"，设置与前两页标题相同的格式。

工作计划页

2）插入智能图形

切换到【插入】选项卡，选择【智能图形】→【流程】→【重点流程】，如图 4.1.25 所示，为本页演示文稿添加智能图形，插入智能图形后的效果如图 4.1.26 所示。

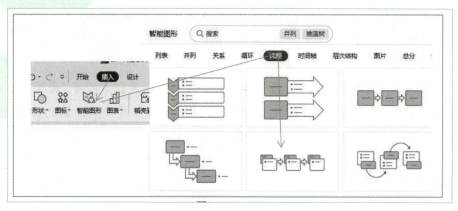

◆ 图4.1.25　插入【智能图形】界面

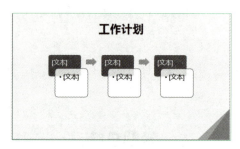

◆ 图4.1.26　插入智能图形后的效果

3) 调整智能图形

依次单击三个深色的文本框，分别在里面输入"三月""四月""五月"，下面三个浅色文本框中则分别输入"植树节""奋斗百年路""劳动最光荣"。

单击"五月"所在文本框，在右侧会出现一列操作按钮（如图4.1.27所示），单击最上面的【添加项目】→【在后面添加项目】，再为智能图形添加一组内容。添加后的页面效果如图4.1.28所示。WPS办公套件非常智能，添加的智能图形会自动根据应用的设计模式调整配色方案，当项目数量有增加或减少时，每一组项目的大小也会自动调整，使其更适合页面大小。

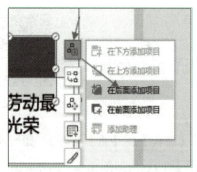

◆ 图4.1.27　【添加项目】工具按钮

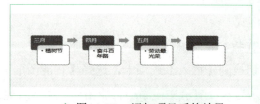

◆ 图4.1.28　添加项目后的效果

4) 保存文档

为新添加的一组项目添加对应的文字，并保存演示文稿，效果如图 4.1.29 所示。

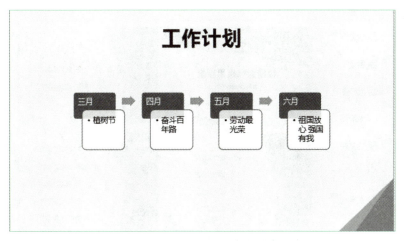

◆ 图4.1.29　第五页最终效果图

6. 制作致谢页

单击幻灯片视图最下方的【+】号，打开【新建幻灯片】窗口，如图 4.1.30 所示。单击【配套模板】右侧的【更多】，可以看见正在应用的设计方案中的不同页面，包括一套完整的演示文稿必不可少的封面页、目录页、章节页、结束页等，如图 4.1.31 所示。单击结束页，创建新的页面。

致谢页

◆ 图4.1.30　新建幻灯片

◆ 图4.1.31　配套模板

结束页内容比较简洁。一般用于对观看者和相关人员表示感谢，也有一些制作者会在这里留下自己的联系方式，以便观看者后续能够联系演示文稿制作者。在这里，直接使用模板中结束页的效果。切换到【设计】选项卡，在配色方案中设置本页的配色方案为本套演示文稿中一直使用的"优雅豆绿"。最终效果如图4.1.32所示。

◆ 图4.1.32　第六页最终效果图

7. 添加目录超链接

切换到【视图】→【幻灯片浏览】，已经完成的演示文稿整体效果如图4.1.33所示。从内容上来看，已经满足情境需求。但是，目前整个演示文稿的各个页面独立，没有形成一个有机的整体。

目录页超
链接设置

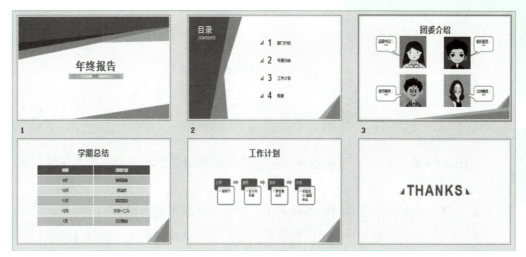

◆ 图4.1.33　整体效果图

回到【普通视图】，切换到目录页，选中文字"团委介绍"，选择【插入】→【超链接】→【本文档幻灯片页】，打开【插入超链接】对话框，在幻灯片标题中找到团委介绍页，在右侧的【幻灯片预览】窗口中确认选择的幻灯片正确之后单击【确定】按钮，如图 4.1.34 所示。

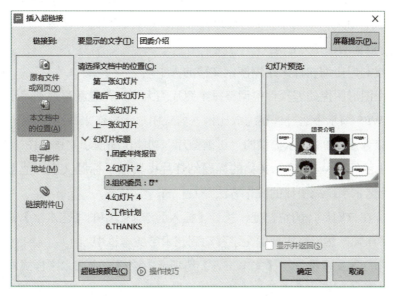

◆ 图4.1.34　插入超链接对话框

按上一个步骤的方法依次为目录页的每一项添加超链接。然后按【F5】键播放演示文稿，检查演示文稿内容及超链接制作是否正确。最后保存演示文稿，完成该演示文稿制作。

一、单选题

1. 在 WPS 演示中可以通过多种方法创建一张新幻灯片，下列操作方法错误的是（   ）。

A. 在普通视图的幻灯片缩略图窗格中，定位光标后按 Enter 键

B. 在普通视图的幻灯片缩略图窗格中单击右键，从快捷菜单中选择【新建幻灯片】命令

C. 在普通视图的幻灯片缩略图窗格中定位光标，从【开始】选项卡上单击【新建幻灯片】按钮

D. 在普通视图的幻灯片缩略图窗格中定位光标，从【插入】选项卡上单击【幻灯片】按钮

2. 小刘在利用 WPS 演示制作旅游风景简介演示文稿时插入了大量的图片，为了减小文档占据的存储空间以便通过邮件方式发送给客户浏览，需要压缩文稿中图片的大小，最优的操作方法是（   ）。

A. 直接利用压缩软件来压缩演示文稿的大小

B. 先在图形图像处理软件中调整每个图片的大小，再重新替换到演示文稿中

C. 在 WPS 演示中通过调整缩放比例、剪裁图片等操作来减小每张图片的大小

D. 直接通过 WPS 演示提供的"压缩图片"功能压缩演示文稿中图片的大小

3. 小沈已经在 WPS 演示文稿的标题幻灯片中输入了标题文字，他希望将标题文字转换为艺术字，最快捷的操作方法是（   ）。

A. 定位在该幻灯片的空白处，执行【插入】选项卡中的【艺术字】命令并选择一个艺术字样式，然后将原标题文字移动到艺术字文本框中

B. 选中标题文本框，在【文本工具】选项卡中选择一个艺术字样式即可

C. 在标题文本框中单击鼠标右键，在右键菜单中执行【转换为艺术字】命令

D. 选中标题文字，执行【插入】选项卡中的【艺术字】命令并选择一个艺术字样式，然后删除原标题文本框

4. 若想将 WPS 演示幻灯片中多个圆形的圆心重叠在一起，最快捷的操作方法是（   ）。

A. 借助智能参考线，拖动每个圆形使其位于目标圆形的正中央

B. 同时选中所有圆形，设置其【左右居中】和【垂直居中】

C. 显示网络线，按照网络线分别移动圆形的位置

D. 在【设置形状格式】对话框中，调整每个圆形的【位置】参数

二、操作题

小刘搜索了 WPS 演示文稿自带的模板，发现都不能很好地满足自己的需求。他决定自己动手，加入一些自己的视频，让自己的演示更加个性。WPS 演示文稿可以自己设计母版，支持插入音频、视频。

(1) 大标题：祖国放心，强国有我；小标题：小刘的竞选演说

(2) 目录：目录页和对应页面链接

(3) 基本信息：基本信息页中包含图片和文字，左右排列。其中，文字内容为：

姓名：小刘

年龄：18 岁

政治面貌：共青团员

爱好：音乐、视频剪辑

偶像：冯诺依曼、杨振宁

(4) 过往经历页面采用"竖向"文本框排版，内容为：

** 年～ ** 年　　　*** 小学　班长

** 年～ ** 年　　　*** 初中 团支书 组织年级足球赛

其他信息

参加 ** 杯作文大赛获一等奖

参加 ** 演讲比赛获省二等奖

熟练使用 WPS 办公软件

(5) 工作计划：使用【单页美化】功能对工作计划页进行美化，内容为：

政治学习：学习强国积分 PK　　　学习强国答题 PK

专业学习：组织团委工作人员帮助老师完成课堂考勤

活动：常规节日活动　　　进一步组织助农活动

发展党员：宣传党的先进思想　　　培养优秀团员成为党的后备力量

(6) 致谢：为"谢谢观看"设置动画效果。

任务4.2 用 WPS 演示文稿做项目展示

任务情境

小刘和他的小伙伴们暑假参加了一个助农活动，通过直播帮助农民伯伯卖水果，取得了不错的成绩。开学之后，老师让小刘代表团队把这次助农活动的情况介绍给大家。请你帮助小刘制作介绍所需要的演示文稿，相关的素材已提供。

任务分析

用演示文稿来对一次活动进行介绍当然是一个很好的选择。可以考虑从参加这次活动的人员、活动基本信息、方式以及活动取得的成果等几方面进行介绍。小刘搜索了 WPS 自带的设计，发现都不能很好满足自己的需求，他决定自己动手，设计自己独有的模板。

相关知识点

1. 蒙版

蒙版，顾名思义，就是"蒙在上面的板子"。如果想对演示文稿的某一特定区域运用颜色变化、滤镜和某些特定效果时，就可以考虑使用蒙版。

2.WPS 演示文稿中的图表

图表是 WPS 演示文稿中很好的展示工具，图表能简洁、直观、清晰地展示数据及信息，从信息的承载量来说，图更大于表。

3. 动画

通过前面文字、图片、艺术字的搭配，演示文稿的内容已经非常丰富了，但如果能在其中加上动画效果，那么演示文稿的效果必然会更好，动画的应用能使演示文稿"活"起来。动画效果可以设置在文字、图片等内容上，包括"进入""强调""退出"三大类。

4. 艺术字

WPS 演示文稿为我们提供了丰富的艺术字体，在 WPS 演示文稿中插入自己喜欢的艺术字体，可以丰富演示文稿的样式，使演示文稿看上去更加美观。

5. 插入音乐、视频

除艺术字、文本框、图片等基本元素以外，WPS 演示文稿还支持插入音频和视频来丰富其表现形式。视频和音频文件通常都以超链接的方式加入到演示文稿内，因此，在移动演示文稿时，需要保持演示文稿和音视频源文件的相对路径不发生变化。

6. 幻灯片母版

在前一个任务中应用过的幻灯片设计，实质上就是 WPS 已经做好并直接提供给用户使用的幻灯片母版。不过，每个人的需求千差万别，哪怕有再多设计好的母版，也不一定能满足所有人的需求。当找不到现成的设计方案应用时，就可以通过幻灯片母版自行设计幻灯片。在母版模式下做出来的幻灯片，可以直接应用到新建演示文稿中去，不需要重复制作。

自己设计母版时，需考虑演示文稿的封面页就如同一本书的封面，需要个性分明，显示出整个演示文稿的题目 (字数较少)，色彩一般也更加浓重，可以使用较多的图片。而内容页则更需要突出的是内容的显示，所以要保证背景相对比较干净，色彩不能太跳跃 (至少要留出放内容的部分，背景颜色比较单一，便于文字及图表的阅读)。所以一般情况下，至少应该有标题页和内容页两个不同的母版。而为了保持标题页和内容页的风格统一，往往又会使用同一个元素的不同效果放在不同页面的母版上。

任务实施

1. 设计并制作幻灯片母版

1) 新建文档

用任务 4.1 中介绍的方式新建演示文稿，并以"助农活动演示"为名进行保存。

设计并制作
幻灯片母版

2) 制作母版

单击【视图】→【幻灯片母版】按钮，进入母版视图模式，如图 4.2.1 所示。

◆ 图4.2.1 切换母版视图

此时，默认切换到【幻灯片母版】选项卡。母版视图模式和普通视图模式的菜单有较大区别。在母版视图模式下，左侧默认有一组不同版式的演示文稿：包括常见的封面页版式和内容页版式，最上面一张是使用率最高的上标题、下内容版式，如图4.2.2所示。

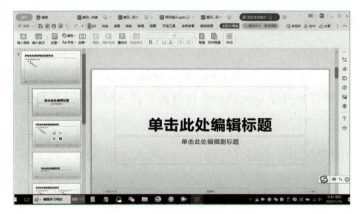

◆ 图4.2.2 【幻灯片母版】视图模式

单击封面页版式→【插入】→【图片】→【稻壳图片】,在其中找到自己需要的图片，单击应用。稍候片刻应用完成后，把图片调整到覆盖整个页面。此时，从左侧缩略图区可看见一组不同版式的幻灯片全都套用了刚才的操作，如图4.2.3所示。不难发现，图片上加上了"稻壳儿"的水印。若想无水印使用稻壳资源库中的大量图片，则需要开通稻壳会员。

◆ 图4.2.3 给母版插入图片

切换到下侧其他版式幻灯片，发现刚才插入的图片处于不可编辑状态。因此，只有所有页面共享的一些元素方可在最上方页面进行编辑。

这一张图片可以直接用作标题页的背景图，而作为内容页的背景图片，略显烦杂。可以通过对图片进行一定的处理来解决这个问题。

3) 应用蒙版效果设置特效

单击左侧缩略图区第二张演示文稿，通过【插入】→【形状】→【矩形】→【矩形】在页面上插入一个矩形，调整该矩形的大小到覆盖整个页面。

保持刚插入的矩形在选中状态，此时处于【绘图工具】选项卡下，通过【填充】→【渐变填充】打开右侧【对象属性】设置面板。在【形状选项】→【填充与线条】中先进行如下设置：填充→渐变填充，渐变样式→线性渐变→向下，角度→90度，如图 4.2.4 所示。

 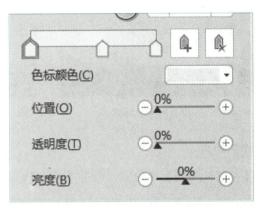

◆　图4.2.4　对象属性设置1　　　　◆　图4.2.5　对象属性设置——色标设置

图 4.2.5 显示色标设置面板，最上方的长条显示出参与渐变的不同颜色，上面的倒盾牌状图标即为色标。先选中色标 1，打开色标颜色下拉菜单，选择最下方的取色器，随后鼠标变成取色器前面的滴管状，如图 4.2.6 所示。用滴管在左侧小图区单击刚才插入图片上方的绿色区域，单击之后，鼠标恢复本来的形状，色标颜色显示框里出现刚才单击处的颜色。

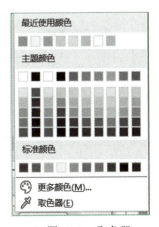

◆　图4.2.6　取色器

单击末端的色标，将色标颜色设置为白色，透明度设置为 100%，此时，图片整体的效果色彩比之前的效果色彩变淡了一些，但不太有层次感，如图 4.2.7 所示。在两个色标中间 1/3 与 2/3 处分别单击鼠标左键，各添加一个色标，皆设置其颜色为白色，透明度为 0%，此时得到一个顶端浅绿，中间部分白色，下方显示出原图片的效果，如图 4.2.8 所示。调整中间两个色标的位置，可控制中间白色部分的宽度及位置。与原图片相比，现在的效果更符合内容页有大片留白的要求，也更有层次感。

◆ 图4.2.7　设置两个色标效果　　　　　◆ 图4.2.8　设置四个色标效果

2. 制作封面页

单击【幻灯片母版】选项卡，单击【关闭】，如图 4.2.9 所示，回到普通视图模式。

◆ 图4.2.9　关闭母版视图

此时，只留下一张封面版式的演示文稿，如图 4.2.10 所示。该演示文稿应用了之前的设计中对于封面页的设计方案。单击封面页，可发现在母版视图模式下对页面进行的编辑此时不可修改。

◆ 图4.2.10　普通视图只剩下封面页

封面页制作

　　单击"空白演示"文本框边框，按【Del】键对其进行删除。选择【插入】→【艺术字】→【预设样式】→【图案填充 - 窄横线，轮廓 - 着色 3，内部阴影】，单击页面上出现的文本框内部，删除原有文字，重新输入"助农活动汇报"。单击【单击输入您的封面副标题】文本框，输入"汇报人：小刘"。

　　观察新插入的艺术字样式与原有设计风格是否匹配。若不匹配，则可以通过单击艺术字的方式打开【文本工具】选项卡，对艺术字的样式进行调整，以确保其风格与原有设计相匹配。选中"助农活动汇报"几个字，将字号设置为 96，保存演示文稿。

　　封面页制作完成后的效果如图 4.2.11 所示。

◆ 图4.2.11　封面页最终效果图

3. 制作并保存第二张幻灯片——目录页

制作并保存第二张幻灯片的步骤如下：

(1) 在左侧幻灯片视图区单击鼠标右键→选择【新建幻灯片】，添加一页新的演示文稿。可见新建的演示文稿自动套用了在母版视图下完成的内容页。

目录页制作

(2) 单击【单击此处添加标题】文本框内部，设置字号为 48，对齐方式为居中，添加文本【目录】。

(3) 删除下面的文本框。选择【插入】→【形状】→【基本形状】→【泪滴形】，按住【Shift】键，鼠标左键在演示文稿上进行拖拽，双击刚刚添加的形状，打开【对象属性】面板，在【大小与属性】中将形状的高度和宽度都设置为 4 厘米，如图 4.2.12 所示。

　　设置形状的配色方案为【浅色 1 轮廓，彩色填充 - 中宝石碧绿，强调颜色 3】，如图 4.2.13 所示。

◆ 图4.2.12　设置形状大小

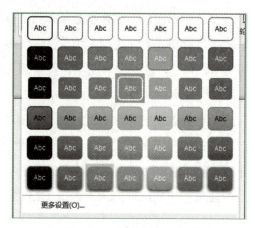

◆ 图4.2.13　形状配色方案设置

回到【开始】选项卡，设置字号为28，然后在形状中输入"01"。

(4) 选择【插入】→【文本框】→【横向文本框】，鼠标单击前一步插入的形状下方，设置字号为28，加粗，输入文字"我的团队"。

先单击泪滴形状轮廓，按住【Ctrl】键不放，单击"我的团队"文本框轮廓，同时选中形状和文本框，然后单击【绘图工具】选项卡下的【组合】工具，将二者进行组合，组合后的效果如图4.2.14所示。

◆ 图4.2.14　组合完成后的效果

(5) 将刚刚完成的组合图形再复制两份，通过鼠标拖拽调整总共三个组合图形的位置，使其处于同一水平线上。通过鼠标拖拽同时选中三个组合图形，单击【绘图工具】→【对齐】→【横向分布】，使三个组合图形在水平方向上均匀分布，如图4.2.15所示，修改第二和第三个组合图形中的文字。

◆ 图4.2.15　形状均匀分布效果图

(6) 单击第一个组合图形，切换到【动画】选项卡，打开【动画窗格】面板，如图 4.2.16 所示。

◆ 图4.2.16　动画窗格面板

在【动画窗格】面板中，可对选中的元素 (包括文字、图片、图形等各种内容) 设置不同类型的动画，并对动画播放时间、播放顺序、触发条件等内容进行设置。

保持第一个组合形状为选中状态，在【动画窗格】面板中设置【添加效果】→【进入】→【轮子】，开始条件与辐射状都保持默认值不变，修改速度为【快速 (1 秒)】，单击动画窗口左下角的【播放】按钮，观看刚设置好的动画效果是否满足需求。

(7) 依次对第二和第三个组合形状设置相同的动画效果。形状旁边出现的小数字表示对这个形状设置动画的播放顺序，播放时不出现。保存演示文稿，完成本阶段目录页的制作。目录页制作完成后的效果如图 4.2.17 所示。

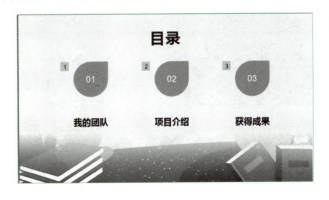

◆ 图4.2.17　目录页制作完成后的效果图

4. 制作并保存第三张幻灯片——我的团队

制作并保存第三张幻灯片的步骤如下：

(1) 添加一页新的内容页演示文稿，删除页面上已经存在的两个文本框，将素材中的三张图片插入演示文稿，并将其宽度和高度都设置为 7 cm。

选中其中一张图片，在【图片工具】选项卡下选择【裁剪】→【基本形状】→【椭圆】，将图片裁剪为直径 7cm 的圆形。对另外两张图片采取相同的操作。调整三张图片的位置，使其在演示文稿右侧呈三角形状排列，如图 4.2.18 所示。

我的团队
页面制作

◆ 图4.2.18　三张裁剪好的图片三角形排列

(2) 在演示文稿中插入一个直径为 7cm 的圆，再插入一个稍大一点的矩形，用矩形覆盖圆形下方约 1/4 的位置，如图 4.2.19 所示。

◆ 图4.2.19　矩形和圆形相交　　　◆ 图4.2.20　以相交方式合并两个形状

同时选中两个形状，在绘图工具下找到【合并形状】，如图 4.2.20 所示。用【相交】方式对两个形状进行合并，得到一个弓形，如图 4.2.21 所示。接下来将这个弓形设置为蒙版。

◆ 图4.2.21 合并形状得到弓形

◆ 图4.2.22 半透明弓形

选中这个弓形，在【对象属性】→【形状选项】→【填充与线条】中设置填充颜色为黑色，透明度为 40%，在【开始】选项卡下设置字号为 24，加粗，如图 4.2.22 所示。

将设置好的弓形再复制两份，分别放置于前面的三张圆形图片下部，并分别进行组合。在三个弓形中分别输入名字，得到如图 4.2.23 所示的效果。

◆ 图4.2.23 蒙版效果设置完毕

(3) 在左侧插入文本框，按图 4.2.24 进行设置，其中字号分别为 48、28、24，标题字体加粗。

◆ 图4.2.24 左侧文字设置效果

(4) 保存演示文稿，完成"我的团队"页面制作，完成后的效果如图 4.2.25 所示。

◆ 图4.2.25　我的团队页面完成效果图

5. 制作并保存"项目介绍"页

制作并保存"项目介绍"页的步骤如下：

(1) 切换到【插入】选项卡下，打开【视频】下拉菜单（如图 4.2.26 所示），可以看见除了【Flash】和【开场动画视频】以外，演示文稿中视频的插入还分为【嵌入视频】和【链接到视频】两种不同的方式。两种方式的区别在于：【嵌入视频】不用担心在传递演示文稿时会丢失文件，因为所有文件都已经到了该到的位置。但

项目介绍
页面制作

是，这就导致演示文稿需要占据较大的空间。如果需要限制演示文稿的大小，则可以通过链接到本地驱动器上的视频文件或将视频文件上传到网站，再通过【链接到视频】的方式插入视频。如果通过【链接到视频】的方式将本地驱动器上的视频文件插入演示文稿，则需要保证二者的相对位置不变。

◆ 图4.2.26　插入视频下拉菜单

(2) 单击【嵌入视频】，在素材文件夹中找到"助农活动介绍 .mp4"，单击打开，完成视频嵌入。

(3) 此时，自动跳转到【视频工具】选项卡，如图 4.2.27 所示。在此选项卡下，可对视频播放效果进行设置，还可对视频进行简单的编辑。单击【全屏播放】前面的复选框，使其处于选中状态，再单击【视频封面】的下拉菜单，选择【封面图片】→【来自文件】，找到素材文件夹中的图片"龙眼 .jpg"，将其设置为封面图片。

◆ 图4.2.27　【视频工具】选项卡

(4) 保存，完成"项目介绍"页面的制作，完成后的效果如图 4.2.28 所示。

◆ 图4.2.28　项目介绍页完成效果图

6. 制作并保存"获得成果"页面

制作并保存"获得成果"页面的步骤如下：

(1) 创建一页新的内容页演示文稿，标题为"获得成果"，将标题设置为 48 号字，加粗，居中。

(2) 单击内容部分的【插入图表】按钮，如图 4.2.29 所示。在弹出的图表对话框中选择【柱形图】→【簇状柱形图 (预设图表)】，如图 4.2.30 所示。最后得到如图 4.2.31 所示的效果。

◆ 图4.2.29　自动生成图表图标

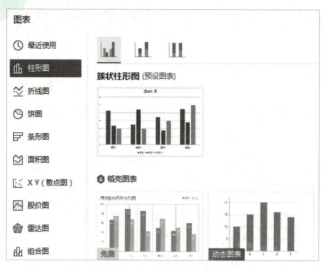

◆ 图4.2.30　插入簇状柱形图

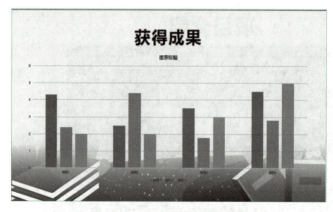

◆ 图4.2.31　插入簇状柱形图的效果

(3) 鼠标单击图表，在图表工具中单击【选择数据】，如图 4.2.32 所示。弹出一个名为【WPS 演示中的图表】的表格文件，里面有一组默认数据，如图 4.2.33 所示。

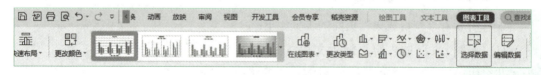

◆ 图4.2.32　选择数据

先关闭表格文件中打开的【编辑数据源】对话框，然后删除默认数据，将资源文件中"助农活动销售量统计"表格中的数据拷贝过来。

再回到演示文稿，再次单击【选择数据】，重新切换到【WPS 演示中的图表】表格文件。

删除原有的【图表数据区域】中的内容，重新选择刚才拷贝过来的数据为新的数据区域，然后单击【确定】按钮关闭该对话框，如图 4.2.34 所示。

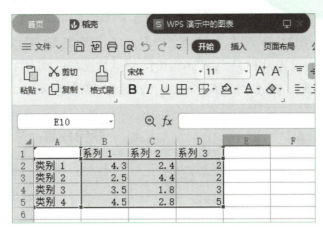

◆ 图4.2.33　WPS演示中的图表

◆ 图4.2.34　编辑数据源

(4) 回到演示文稿，原有的图表已经重新绘制完成，如图 4.2.35 所示。

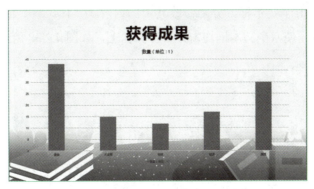

◆ 图4.2.35　重新绘制后的图表

检查自动生成的图表有哪些不满意的地方，适当进行调整。

本案例中，图表下方的图例并无实际意义。单击图表，在右侧出现的工具组中单击最上方的【图表元素】工具，然后去掉【图例】的选中状态，即可将原来图表中的图例去掉，如图 4.2.36 所示。因坐标轴文字太小，不方便观看，可分别选中需要修改的文字，切换到【开始】选项卡，将字号设置为 18。然后选中图例，将其填充颜色修改为绿色系。

(5) 保存演示文稿，完成本页演示文稿制作，最终效果如图 4.2.37 所示。

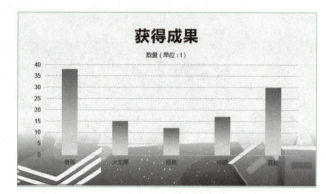

◆ 图4.2.36　表设置工具组　　　　◆ 图4.2.37　"获得成果"页面最终效果图

7. 制作结束页

制作结束页的步骤如下：

(1) 用任意一种方式再创建一页内容页 PPT，删除里面原本的两个文本框。接下来，在结束页制作一个弹跳动画。演示文稿与文字相比，一个很大的特点就是页面上的很多内容可以有动态效果，而动画就是让内容动起来的方式之一。

结束页

(2) 切换到【插入】选项卡，选择【文本框】→【横向文本框】，设置字体为【华光彩云】，字号为 96，然后在文本框里输入大写的"T"，再复制出五个文本框，分别修改其中的内容为"H""A""N""K""S"。借助前面学习到的工具，使六个文本框均匀分布在页面上，如图 4.2.38 所示。

◆ 图4.2.38　插入六个文本框

（3）单击第一个文本框边缘，使其处于选中状态。切换到【动画】选项卡，通过单击【动画窗格】工具按钮，打开【动画窗格】任务窗格，如图 4.2.39 所示。文字弹跳效果是通过给字符依次设置【上升】和【下降】动画效果来实现的。

◆ 图4.2.39　【动画窗格】任务窗格

◆ 图4.2.40 设置【上升】动画

单击【添加效果】，打开【进入】动画组的【更多选项】按钮，在【温和型】组中找到【上升】效果，单击添加给当前文本框，如图 4.2.40 所示。此时，动画窗格中显示出刚刚添加的动画效果。将速度设置为【非常快(0.5 秒)】，如图 4.2.41 所示。

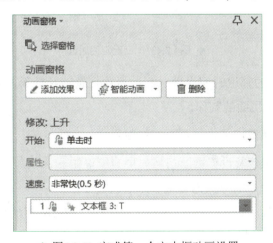

◆ 图4.2.41 完成第一个文本框动画设置

（4）依次给其他五个文本框添加动画效果，其中【上升】和【下降】交替出现。后面五个动作的触发条件都是【与上一动画同时】，完成设置后动画窗格显示如图 4.2.42 所示。

在窗格中可以看见之前设置的所有动作，也可对其进行二次编辑。

◆ 图4.2.42　完成动作设置后的动画窗格

(5) 单击动画播放按钮，对设置好的动作进行预览，已经能看到文字参差不齐的效果，但是还缺少一点错落的感觉。这个效果是通过设置动画的延迟时间来完成的。在动画窗格中，先用鼠标单击第二个动画，即"文本框 4：H"，设置延迟时间为 0.2 s (如图 4.2.43 所示)，然后对后续每一个动画设置多 0.2 s 的延迟时间。

◆ 图4.2.43　设置延迟时间

(6) 完成所有动画的延迟时间设置之后，再次预览动画效果，发现已达到预期效果。保存演示文稿，完成本页面的制作。

8. 给目录页添加超链接及设置页面切换效果

给目录页添加超链接及设置页面切换效果的步骤如下：

(1) 用任务 4.1 中使用的方式为目录页添加超链接。

(2) 演示文稿里面，能够动起来的内容，除了插入的视频和动画效果之外，常见的还有不同页面之间的切换效果。目前的演示文稿从内容上来看，已经满足情境需求。但是，整个演示文稿，各个页面独立，没有形成一个有机的整体。转到【切换】选项卡，可以看见该选项卡下设置的内容和【动画】设置有很多相通的地方，都需要设置"效果""速度""触发方式"等内容，如图 4.2.44 所示。默认情况下是没有设置切换效果的。

◆ 图4.2.44　【切换】选项卡

(3) 先单击【轮辐】页面切换效果，再单击最后的【应用到全部】，按【F5】键预览整个演示文稿，会发现所有页面切换的时候都使用"轮辐"效果。也可以给不同页面设置不同的切换效果。

(4) 保存，完成演示文稿制作。在幻灯片浏览模式下可见整套演示文稿的效果如图4.2.45 所示。

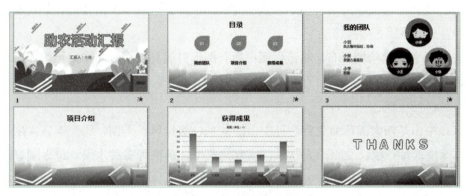

◆ 图4.2.45　整体效果图

一、单选题

1. 小刘通过 WPS 演示制作学校宣传片，他在幻灯片母版中添加了学校徽标图片。现在他希望放映时暂时不显示该徽标图片，最优的操作方法是(　　)。

A. 在幻灯片母版中插入一个以白色填充的图形框来遮盖该图片

B. 在幻灯片母版中通过【格式】选项卡上的【删除背景】功能删除该徽标图片，放映过后再加上

C. 选中全部幻灯片，设置隐藏背景图形功能后再放映

D. 在幻灯片模板中，调整该图片的颜色、亮度、对比度等参数直到其变为白色

2. 小刘利用 WPS 演示制作一份考试培训的演示文稿，他希望在每张幻灯片中添加包含"样例"文字的水印效果，最优的操作方法是(　　)。

A. 通过【插入】选项卡上的【插入水印】功能输入文字并设定版式

B. 在幻灯片母版中插入包含"样例"二字的文本框，并调整其格式及排列方式

C. 将"样例"二字制作成图片，再将该图片作为背景插入并应用到全部幻灯片中

D. 在一张幻灯片中插入包含"样例"二字的文本框，然后复制到其他幻灯片中

3. 小金在 WPS 演示文稿中绘制了一个包含多个图形的流程图，他希望该流程图中的所有图形可以作为一个整体移动，最优的操作方法是（　　　）。

A. 选择流程图中的所有图形，通过【剪切】、【粘贴】为【图片】功能将其转换为图片后再移动

B. 每次移动流程图时，先选中全部图形，然后再用鼠标拖动即可

C. 选择流程图中的所有图形，通过【绘图工具】选项卡上的【组合】功能将其组合为一个整体之后再移动

D. 插入一幅绘图画布，将流程图中所有图形复制到绘图画布中后再整体移动绘图画布

二、操作题

1. 中山是伟大的革命先行者孙中山的故乡，这里风景秀丽，物产丰富，盛产香蕉、荔枝、番石榴、龙眼、火龙果、菠萝、芒果、杨桃等多种水果。最近刚好是水果丰收的季节，学校团委准备举行一次助农活动，具体形式为：通过直播为果农拓展销路，解决目前果农最为关注的销售问题。请你为此次直播活动准备一份演示文稿，可以通过各种形式为观众展示不便于现场展示的一些内容（如各个果园的丰收盛况等），观众也可以通过该演示文稿了解到直播进度。

要求：

(1) 应包括封面、目录、内容、致谢等基本结构；

(2) 在幻灯片中添加背景音乐作为直播的背景音乐；

(3) 此次直播涉及香蕉、荔枝、龙眼、火龙果和菠萝，请在幻灯片中依次展示出这几种水果；

(4) 将提供的短视频插入幻灯片中合适的位置。

2. 春节即将来临，请您充分利用演示文稿的动画效果和背景音乐，制作一张电子贺卡，向同学们致以新年问候。

要求：

(1) 可直接使用 WPS 提供的一些图片或者自行设计一些春节气氛浓厚的图片，作为演示文稿的背景图片，用拜年歌曲作为背景音乐。

(2) 灵活使用演示文稿的动画功能，结合演示文稿的页面切换效果，制造更好的视觉效果。

第5单元　信息检索

任务5.1　信息检索实践

全球领先的中文搜索引擎——百度搜索

百度搜索是全球领先的中文搜索引擎，2000 年 1 月由李彦宏、徐勇两人创立于北京中关村，致力于向人们提供"简单、可依赖"的信息获取方式。"百度"二字源于中国宋朝词人辛弃疾的《青玉案》诗句"众里寻他千百度"，象征着百度对中文信息检索技术的执着追求。作为全球领先的中文搜索引擎，百度每天响应来自 100 余个国家和地区的数十亿次搜索请求，百度拥有全球海量的中文网页库，在各地分布的服务器，能为用户提供极快的搜索传输速度。请观看视频"全球领先的中文搜索引擎——百度搜索"。

全球领先的
中文搜索引擎
——百度搜索

任务情境

小王是一名大学生，虽然爸爸妈妈每个月都按时给他生活费，但是他还想暑假的时候能去一直向往的云南旅游，这个花费他不好意思问爸妈要。正在这时，他收到一条来自陌生号码的短信："*** 信息科技有限公司招兼职啦！只要能识字，只要有一台手机即可，每天一小时，每月轻松增加收入 2000 元。"看到这条短信之后，小王非常心动。但是，他又不知道这种天上掉馅饼的事情是否可靠。现在他想通过信息检索来确认这条短信到底是正常的招聘信息还是诈骗信息。

任务分析

想要知道这条招聘信息是否靠谱，可以借助互联网的力量。

使用浏览器可以对互联网进行访问。而如果要对特定的内容进行检索，则需要用到搜索引擎。本案例中，想知道招聘信息是否靠谱，可以从如下几个方面对招聘信息进行检索：

(1) 招聘的企业是否合法合规。

(2) 从事的工作是否合法合规。

(3) 工作和收入是否合理。

相关知识点

1. 认识浏览器

浏览器是访问互联网的工具软件。常见的浏览器有 Google、Firefox、IE(Internet Explorer)、Opera、Safari、Edge 等。近些年来，一些优秀的国产浏览器也开始崭露头角，如以注重安全著称的 360 浏览器，采用双核引擎设计的 QQ 浏览器等。

其中 Edge 预装在 Windows 10 中，IE 浏览器则可以装在之前所有版本的 Windows 中。本任务以 IE 浏览器为例，介绍互联网的访问。

默认情况下，IE 浏览器快捷方式在桌面、任务栏的快速启动栏和"开始"菜单中都可以轻松找到。

IE 浏览器窗口主要包括标题栏、地址栏、浏览区、状态栏等内容，如图 5.1.1 所示。IE 浏览器对应功能如下：

标题栏：显示当前正在访问的网页名称。

地址栏：用于显示当前访问的页面地址或者输入新的地址进行访问。

浏览区：显示正在访问的网页文件内容。

状态栏：显示当前访问内容的一些状态信息，如统一资源定位符等。

使用 IE 浏览器访问互联网资源时，在地址栏中输入对应的地址，按回车键即可进入该网站主页。

◆ 图5.1.1　IE浏览器

2. 常用搜索引擎

目前，国内有百度、360、搜狗、UC 四大搜索引擎。四者相比之下，无论是内容丰富度还是全面性或者准确性，百度都更胜一筹。

除百度以外，还有其他很多网站也具有信息检索的功能。如找工作有 58 同城、智联招聘等；有知识点不会，可以找知乎、今日头条等；而搜穿搭、买化妆品可以找小红书；IT 技术有疑惑则可以上中国专业 IT 社区 (Chinese Software Developer Network, CSDN)；想找学术科研资源则可以上小木虫。

在浏览器地址栏中输入搜索引擎的网址，即可对搜索引擎进行访问。如在 IE 浏览器地址栏中输入"www.baidu.com"，按回车，就可以打开百度主页。

使用搜索引擎查找所需信息时，需要在搜索文本框中输入要搜索信息的关键字。

3. 信息检索的定义

广义的信息检索应包括一切将信息按一定的方式组织和存储起来，并根据用户的需要找出有关信息的过程。而狭义的信息检索又称之为"信息查找"或"信息搜索"，单指从信息集合中找出用户所需要信息的过程，它包括了解用户的信息需求、信息检索的技术或方法以及满足信息用户的需求三个方面的内容。

4. 信息检索的分类

按检索对象的不同，将信息检索分为"文献检索""数据检索"和"事实检索"三个不同类别。其中文献检索只需要找到包含所需要信息的文献即可；数据检索则要检索出包含在文献中的信息本身；事实检索的难度最大，它要求不仅能够从数据集合中查出原来存入的数据或事实，还要求能够从已有的基本数据或事实中推导出新的数据。

5. 常用的信息检索方法

信息检索的基本方法包括：

(1) 布尔逻辑检索；

(2) 位置限制检索；

(3) 短语检索；

(4) 字段限制检索；

(5) 多种检索方法的综合运用。

6. "官方"

互联网上充斥着各种各样或真或假的信息，学会对真假信息进行鉴别非常重要。百度搜索引擎搜索出来的数据也是良莠不齐的。经常会在搜索结果的某些信息后面看见有"官方"二字，而这个"官方"字样表示这是经过第三方认证机构鉴定过为真实的官方网站，可信度非常高。

任务实施

1. 打开搜索引擎

1) 选择搜索引擎

根据搜索内容 (确认信息真伪)，选择使用百度搜索引擎。

2) 打开浏览器

单击【开始】按钮■■→单击【Microsoft IE】打开 IE 浏览器，或在桌面双击 IE 浏览器快捷方式打开浏览器。

3) 打开百度搜索引擎

在 IE 浏览器地址栏中输入百度搜索引擎地址 "www.baidu.com"，打开搜索引擎，如图 5.1.2 所示。

◆ 图5.1.2　地址栏

2. 查找招聘公司是否为合法企业

1) 搜索官方企业信用系统

在百度搜索栏中输入"国家企业信用信息公示系统"→单击【百度一下】按钮→单击带有"官方"标志的"国家企业信用信息公示系统"即可打开"国家企业信用信息公示系统"，如图 5.1.3 所示。

◆ 图5.1.3　使用百度引擎

2) 查找要确认的企业

在"国家企业信用信息公示系统"搜索栏中输入要搜索的企业名称（或统一社会信用代码或注册号）→单击【查询】按钮，进入信息搜索结果页面。

3) 核对相关信息

如果搜索结果页面显示了多条企业信息，则要仔细对比企业名称与要查找的企业名称是否完全一致（如果用统一社会信用代码或注册号，则只显示唯一的企业）→确认企业名称与要查找的名称完全一致→单击确认的企业链接进入企业详细信息页面→核对企业统一社会信用代码、注册号、注册资本、营业期限、登记状态等信息，如图 5.1.4 所示。

◆ 图5.1.4　国家企业信用信息公示系统中显示的企业信息

如果搜索结果页面显示"查询到 0 条信息",则说明企业没有合法的注册信息,需要警惕。另外,还要关注企业的"经营范围",如果招聘广告上招聘的岗位与其经营范围出入较大,则也要警惕是否有违法经营。

4) 进一步确认信息

如果上一步的操作没有发现问题,则回到百度,直接输入招聘企业的名称进行检索,确认企业是否有官网以及官网信息是否经常更新。有官网,且官网信息经常更新的企业更可靠。一般说来,官网上会留有企业的联系方式,可通过该联系方式直接联系企业,以确认招聘信息是否真实。

3. 查找工作内容以及薪资待遇是否正常

有些招聘信息说得模模糊糊,不会直接在信息中提到企业名称,而是要求添加微信或者 QQ 号。对于这一类的信息,可直接将其视为诈骗信息。

如果想进一步确认信息真实与否,则可直接在百度中对短信内容进行检索查看其他收到相同短信的人都遭遇了什么样的后续:诈骗信息一般都会采取广撒网的形式;同时需要确认,工作内容是否合法,是否符合公序良俗;如果前面的内容都没问题,则可以参考同类工作能够拿到什么样的薪资水平。

4. 杜绝诈骗发生

要彻底杜绝诈骗,应做到如下几点:

(1) 不要点击不明来源的网络链接。

(2) 不要随意泄露自己的个人信息。

(3) 不能将自己手机收到的短信验证码告诉他人。

(4) 遇到对方要求交押金、垫付资金等涉及资金的情况直接认定对方为诈骗。

习 题 作 业

桂林山水甲天下,放假前,爸爸拿了一笔项目奖金,有 8000 元,刚好今年的年假还没休。妈妈打算用这一笔奖金,暑假带一家人一起去广西旅游。可是,大家都没有去过桂林,对那里的情况不太了解。妈妈说她从小就听说漓江的水很美,想去看看;爸爸说想看龙脊梯田;妹妹说课本上的象鼻山特别有意思;而弟弟则说同学给他看了在银子岩拍的照片,超美。

请你根据妈妈给的预算和大家的需求,利用网络,帮妈妈来规划这次旅游。

你需要在不超出预算的前提下达成如下目标：

(1) 规划本次旅游的路线，以满足所有家庭成员的需求。

(2) 预订好往返大交通并提前了解不同景点之间的小交通。

(3) 预订好住宿，需保证住宿离当日游玩景点不要太远，以保证旅游体验。

(4) 提前了解各景点的特点，在游览时可以向大家介绍。

(5) 提前了解当地美食，大致规划游玩期间的餐饮问题。

(6) 了解当地气候，协助大家准备行李。

任务 5.2　文献检索实践

 任务情境

小王现在已经是一名大学生了，期末的时候，老师留了一个作业：写一篇有关我国计算机发展历史的论文，要求数据真实可靠。

任务分析

老师布置的这个作业要求对计算机的发展历史有相当的了解，通过搜索引擎可以搜索到很多信息，但是，信息真假的区分以及如何对海量信息进行分类整理等都是难题。为了获得准确、完整的数据，需要进行文献检索。

相关知识点

1. 文献检索的一般步骤

文献检索一般可按如下几个步骤进行：

(1) 课题分析；

(2) 选择检索系统；

(3) 抽取检索词；

(4) 构造检索式；

(5) 文献检索及检索式的调整；

(6) 检索结果的处理。

2. 常用的文献检索数据库

常用的中文文献检索系统有中国知网 (CNKI)、万方、维普数据库等，常用的外文检索数据库有 Science Direct、Springer、John Wiley、Wos 等。其中，中国知网工程是以实现全社会知识资源共享与增值利用为目标的信息化建设项目，始建于 1999 年 6 月。作为中国知网资源基础的《中国知识资源总库》，目前已容纳了包括中国知网系列数据库和来自国内外加盟的数据库共 2600 多个，全文和各类知识信息数据超过 5000 万条，是目前全球最大的知识资源全文数据库集群。

3. 模糊匹配与精确匹配

模糊匹配是指无论词的位置怎样，只要出现该词即可，模糊匹配会自动拆分检索词为单元概念，并进行逻辑与运算；精确匹配是指只有整个字段与检索词相同才匹配，输入的检索词会被当作固定词组进行检索。

 任务实施

1. 课题分析确定主题概念

在课题分析阶段，需要明确文献检索的目的；明确课题要解决的实质问题；明确有哪些主题概念；明确各主题概念之间的关系；明确课题涉及的学科范围；明确课题所需文献信息的语种、时间范围等具体要求。

如本案例中，需要了解我国计算机发展史，可做如表 5.2.1 所示的分析。

表5.2.1　检索内容分析

课题名称	我国计算机发展史
主题概念(检索点)	我国、计算机、发展
涉及学科	计算机技术、电子技术等
语种和时间范围	中文文献、不限时间

2. 选择检索方式和数据库

选择检索工具时需要考虑专业性及权威性并了解检索工具收录的范围和检索工具的检索方法及系统功能。

知网中的文献基本都是有版权的，基本覆盖国内的核心期刊，且更新及时，数据占用硬件资源小，检索效果好；维普上会有一些内刊 (无刊号，不能正式出版)，其收录量非常大；万方、维普都有自己的独家合作资源。

在本案例中，中国知网、万方或者维普都可满足检索需求。选用知网作为本案例的检索系统。在浏览器地址栏中输入"https://www.cnki.net/"可打开中国知网，如图 5.2.1 所示。

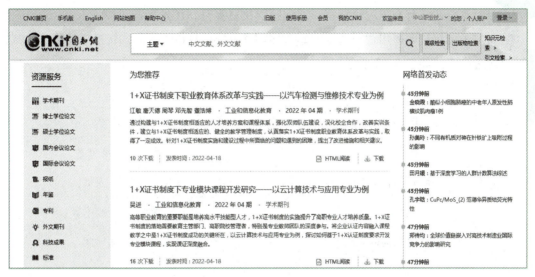

◆ 图5.2.1　中国知网

3. 确定检索途径

检索途径多种多样，可以通过主题、作者、标题分类等内容进行检索。中国知网支持的部分检索途径如图 5.2.2 所示。在本案例中，根据老师给出的题目，只对主题有所要求，对作者、作者单位等内容都没有要求，因此，选用默认的【主题】进行检索即可。

◆ 图5.2.2　中国知网支持的部分检索途径

提炼检索词的方法有切分、去除、替补等。

在提炼检索词的过程中，首先应注意不要将一些意义广泛的词作为检索词，如"发展"等。其次应考虑全面，考虑全面主要指：①基于概念的上下位词，如可再生能源与太阳能；②同一检索词的不同表达方式，如计算机与电脑；③基于检索结果的同义词或近义词，这些都应该考虑到。

关键词应该是能够揭示主题内容的、表示最小概念的词语，不可使用连词、副词、介词一类的虚词，也不可使用一些概念非常宽泛的词，如研究、技术、问题一类的词。

基于如上认识，本课题可以提炼出下列检索词：计算机发展、电脑发展、PC、我国。

4. 构造检索式

检索式是检索策略的逻辑表达式，是用来表达用户检索提问的，由前一步提炼出的检索词和各种组配算符构成。

组配算符通常有布尔逻辑算符、通配符、位置算符、优先算符四种。

布尔逻辑算符即采用逻辑"与""或""非"等算符，将检索提问式转换成逻辑表达式。构造检索式如表 5.2.2 所示。

表5.2.2　构造检索式

分析项目	分析结果
课题名称	我国计算机发展史
主题概念(检索点)	我国、计算机、发展
涉及学科	计算机技术、电子技术等
语种和时间范围	中文文献、不限时间

构造检索表达式时应注意同义词或近义词之间用"逻辑或"组配，左右标点符号都需要在英文状态下输入。检索框如图 5.2.3 所示。

◆ 图5.2.3　检索框

单击检索框旁边的"高级检索"，打开高级检索页面，如图 5.2.4 所示。

◆ 图5.2.4　高级检索

在高级检索页面左侧可以设置逻辑关系为【AND】、【OR】或【NOT】，在中间设置检索内容为【主题】、【作者】、【文献来源】或其他，在右侧设置是否精确查找，单击最后的【+】、【-】符号，可以对检索项目进行增减。将拟定好的检索词填入其中，单击下面的【检索】按钮，如图 5.2.5 所示。检索结果如图 5.2.6 所示。

◆ 图5.2.5　检索式设置

◆ 图5.2.6　检索结果

5. 检索策略的反馈调整

刚才检索出来的内容包含 2390 条结果，这个结果中间还包含了许多不需要的内容，这时可以对检索式进行调整，使得检索结果更加精确。

一般来说，如果检索结果不理想，则可从如下几个方面进行调整：

(1) 检索词是否准确？是否有同义词未被抽取？

(2) 检索式中是否包含非英文运算符？

(3) 检索途径是否合理，必要时可采用全文检索。

目前的检索系统做得愈加智能了，还可以从检索结果左侧的【主题】、【学科】、【发表年度】等对检索结果进行选择，如图5.2.7所示。

如打开学科右侧的下拉框，选择【计算机硬件技术】，则检索结果缩减到还剩下404项，如图5.2.8所示。还可以在此基础上进一步设置检索条件。

图5.2.7　检索设置

图5.2.8　学科选择

6. 检索结果的处理

检索结果可以直接查阅，对于有参考价值，需要在论文写作过程中参考的文献，建议下载存盘并在自己论文的参考文献列表中列出。

1. 试述文献检索的方法与步骤。

2. 2016年，韩国棋手李世石与AlphaGO进行人机大战，最终李世石以1:4大比分落败，这个事件同时轰动了围棋界和人工智能界。该事件在把围棋这一古老的棋类运动再次带到公众视野的同时，也掀起了人工智能这一概念新一波的热度。

请你利用学校图书馆购买的电子资源进行文献检索，了解近几年人工智能的发展及应用情况。

拓 展 篇

TUOZHANPIAN

第6单元　信息安全

网络安全人人有责

我们生活在一个网络世界，那里充满了精彩和梦想，寄托着情怀，还有我们美好的追求，我们离不开网络。然而，在我们享受网络巨大资源和红利的同时，大量的网络隐患、网络诈骗、信息泄露、非法网络使我们处于危险之中，威胁着我们的系统、财富，甚至人身安全。为了保障安全，请观看视频"网络安全人人有责"。

网络安全
人人有责

任务情境

密码技术是实现网络信息安全的核心技术，是最重要的保护数据的工具之一。

张明是某保密单位的公务员，主要负责本单位公文的收发。最近，单位新建了一套网上办公系统，所有的公文将在网上进行流转。为了确保信息安全，单位出台了保密条例，规定对于在政务网上流转的文件，必须根据文件密级采取不同的保密措施。张明依据上述条例要求，确定了一套加密方案，以满足保密要求。

任务分析

在我国机关单位中，存在不同程度的密级文件。特定密级的文件只有对应的特定人群可阅读、浏览，以此保障公文的安全。密级分类如下：

"绝密"是最重要的国家秘密，泄露会使国家的安全和利益遭受特别严重的损害；

"机密"是重要的国家秘密，泄露会使国家的安全和利益遭受严重的损害；

"秘密"是一般的国家秘密，泄露会使国家的安全和利益遭受损害。

在常规文档管理中，不同密级有两种安全措施：一是放在不同等级要求的档案室；二是给不同阅读权人群发放对应等级的钥匙。信息化时代来临后，文档从纸质变为了电子化，这时就要通过各类加密技术，来替代原来的钥匙和其他保密措施，以实现在互联网上和在真实世界中一致的保密性。

为了充分了解密码技术在信息安全中的重要作用以及不同加密算法的特点，了解如何实现加密传输、数字签名、篡改验真和快速解密，我们分别以 MD5 加密算法（即MD5 哈希算法）、AES 加密算法、RSA 加密算法以及数字签名技术来对同一个消息进行加解密展示。

MD5 加密算法是一种不可逆的加密方式，主要用于验证文件的完整性；AES 加密算法是流行的对称加密算法，所谓对称加密，是指加密和解密使用了同一把钥匙，也就是"密钥"；RSA 加密算法则是一种非对称加密算法，即需要两个不同的密钥来进行加密和解密，是普遍被认为的目前最优秀的加密算法之一；数字签名类似于写在纸上的亲笔签名，不同之处在于，数字签名是借助非对称加密技术，只有信息的发送者才能产生，而他人无法伪造的数字印记，用于保证信息的鉴真和不可抵赖。

相关知识点

1. 加密算法概述

数据加密就是通过某种加密算法对明文进行处理，使其成为不可读的密文。明文指没有加密的文字（或者字符串），是消息加密前的原始数据。密钥是指某个用来完成加密、解密、完整性验证等密码学应用的秘密信息，分为对称密钥和非对称密钥两种类型。对称密钥需要保密，不能对外公开，非对称密钥的公钥可以公开，私钥则需要绝对保密。

加密算法通常分为对称加密算法和非对称加密算法。对称加密是指采用单钥密码系统的加密方法，也称为单密钥加密，也就是说加密和解密都是用同一个密钥，甲选择某一种加密规则对信息进行加密，乙使用同一种规则对信息进行解密。在对称加密算法中常用的算法有 AES、数据加密标准 (Data Encryption Standard，DES)、三重数据加密算法 (Triple Data Encryption Algorithm，3DES) 等。非对称加密是指加密和解密需要两个不同的密钥，分别为公开密钥和私有密钥。公开密钥与私有密钥是一对，若采用公开密钥对数据进行加密，则只有对应的私有密钥才能解密；同样地，若采用私有密钥对数据进行加密，那么只有对应的公开密钥才能解密。常用的非对称加密算法有 RSA、数字签名算法 (Digital Signature Algorithm，DSA)、椭圆曲线数字签名算法 (Elliptic Curve Digital Signature Algorithm，ECDSA) 等。

2. MD5 加密算法

MD5 哈希算法，也称作 MD5 信息摘要算法 (Message Digest Algorithm version 5，MD5)，它是一种被广泛使用的密码散列函数，可以产生出一个 128 位 (16 字节) 的散列值 (Hash Value)，用于确保信息传输完整一致。这个散列值也被称为 Hash，即哈希值。MD5 由美国密码学家罗纳德·李维斯特 (Ronald Linn Rivest) 设计，于 1992 年公开，用以取代 MD4 算法。MD5 可以为任何文件产生一个独一无二的"数字指纹"，对文件的任何改动，都会导致其 MD5 值，也就是对应的"数字指纹"发生变化。

3. AES 加密算法

AES 加密，全称为高级加密标准 (Advanced Encryption Standard，AES)，是最常见的对称加密算法，我们熟悉的微信小程序加密传输采用的就是这个加密算法。AES 加密场景如图 6.0.1 所示。AES 这种对称加密算法的加密速度非常快，适合经常发送数据的场合。其缺点是密钥的保管比较麻烦，密钥一旦泄露，整个加密体系就崩溃了。对于保密等级要求不高的文件，比如"内部参考"或"秘密"级别的文件，可以考虑采用 AES 加密。AES 加密的加密流程如图 6.0.2 所示。

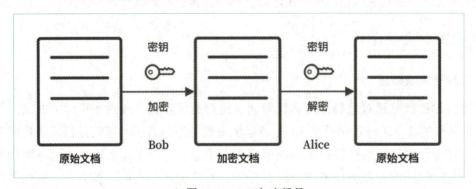

◆ 图6.0.1　AES加密场景

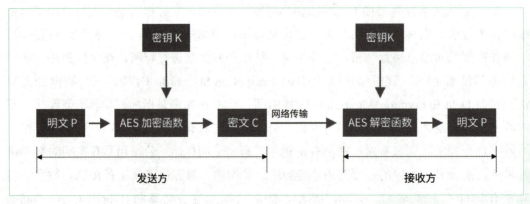

◆ 图6.0.2　AES加密流程图

4. RSA 加密算法

RSA 是第一个比较完善的公开密钥算法，它既能用于加密，也能用于数字签名。RSA 是以它的三个发明者 Ron Rivest、Adi Shamir 及 Leonard Adleman 的名字首字母命名的，目前它已经成为最流行的公开密钥算法。非对称加密算法的加密解密过程如下：

(1) 乙方生成两把密钥 (公钥和私钥)。公钥是公开的，任何人都可以获得，私钥则是保密的。

(2) 甲方获取乙方的公钥，然后用它对信息加密。

(3) 乙方得到加密后的信息，用私钥解密。

即

$$f_{公钥}(I_{原消息}) = M_{密文}$$
$$f_{私钥}(M_{密文}) = I_{原消息}$$

这样每个人都可以利用公钥向任何人发送加密消息，而只有拥有秘钥的接收方才能解读密文看到原消息。对于保密等级为"机密"及以上要求的文件，推荐采用 RSA 加密算法。

5. 数字签名技术

数字签名是一种使用公钥加密技术实现的，用于鉴别数字信息来源真伪的方法。一套数字签名算法包括两种互补的运算，一个用于签名，另一个用于验证。数字签名技术和日常生活中的传统签名相比较，具有不可伪造、不可抵赖、完全可信等优点，主要通过非对称加密技术来实现，非对称加密技术是相对于对称加密技术而言的，其加密和解密过程通过使用不同的密钥来实现数字签名或加密。数字签名技术工作过程一般包括以下几个步骤，如图 6.0.3 所示。

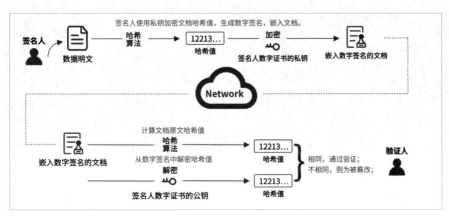

◆ 图6.0.3　数字签名流程

(1) A 通过随机算法，生成一对密钥，分别为 A 的公钥和私钥；

(2) A 将公钥公开，发给 B；

(3) A 将要发送的信息用私钥进行加密，生成这个信息的数字签名；

(4) A 将数字签名信息发送给 B，B 利用 A 的公钥来对此数字签名进行解密运算，从而验证该信息是否来自 A。

 **任务实施**

任务 6.1 基于 MD5 哈希算法的实战

1. 数据加密

基于 MD5 哈希算法的实现过程如下：

(1) 登录辰宜云知识平台。打开浏览器 → 输入 "https://se.change-e.com" → 按回车，打开辰宜云知识平台，如图 6.1.1 所示。

基于MD5哈希算法的实战

◆ 图6.1.1　选择【信息安全】

(2) 打开任务模块。单击【信息安全】图标 → 在【为重要文件加密】右侧单击【开始任务】 → 单击【加密】按钮。

(3) 输入明文。在打开的系统的明文输入文本框内输入所要发送的消息，内容为
"hello，cyber world!"，如图 6.1.2 所示。

◆ 图6.1.2　明文输入文本框

(4) 选择加密方式。单击【加密方式】→在下拉列表中单击【MD5 加密】，如图 6.1.3
所示。

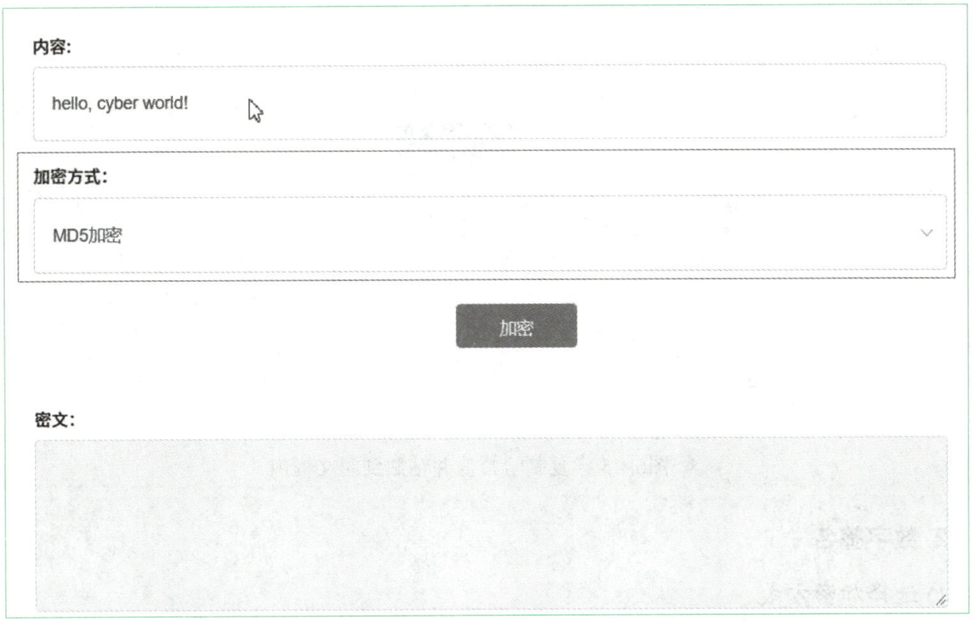

◆ 图6.1.3　加密方式选择

(5) 加密并提取哈希值。单击【加密】按钮→复制【密文】文本框中生成的哈希值→将复制的内容粘贴到【内容】框内并覆盖原明文，如图 6.1.4 和图 6.1.5 所示。

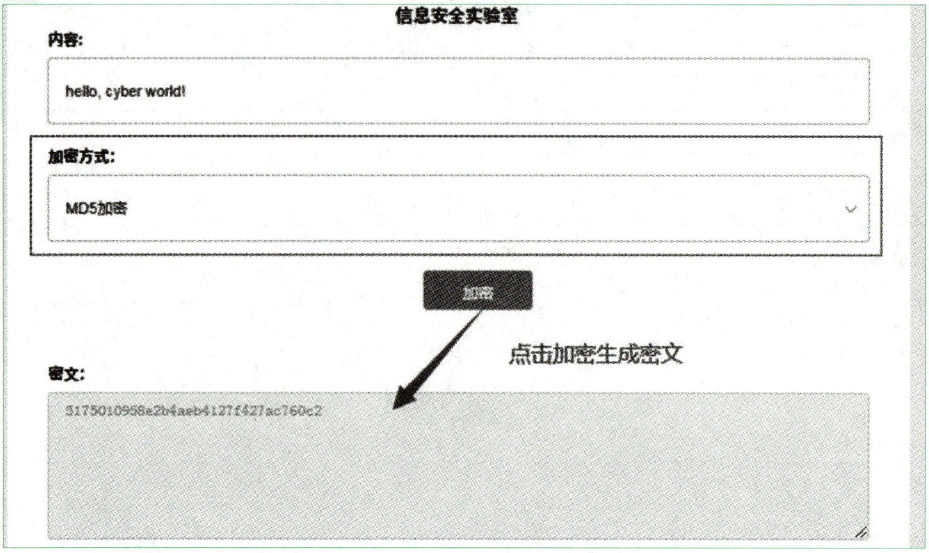

◆ 图6.1.4　对明文进行加密并生成哈希值

◆ 图6.1.5　复制哈希值并粘贴到明文框内

2. 数字签名

1) 选择加密方式

单击【加密方式】→在下拉菜单中选择【数字签名】，如图 6.1.6 所示。

◆ 图6.1.6　选择【数字签名】

2) 生成公私密钥对

单击【生成公私密钥对】→在密钥生成界面输入姓名、身份证号码，系统将生成一对公私密钥，并自动下载和保存到本地计算机中，如图 6.1.7～图 6.1.9 所示（如果当前账号已生成了公钥密钥对，则可以跳过这个步骤）。

◆ 图6.1.7　选择【生成公私密钥对】

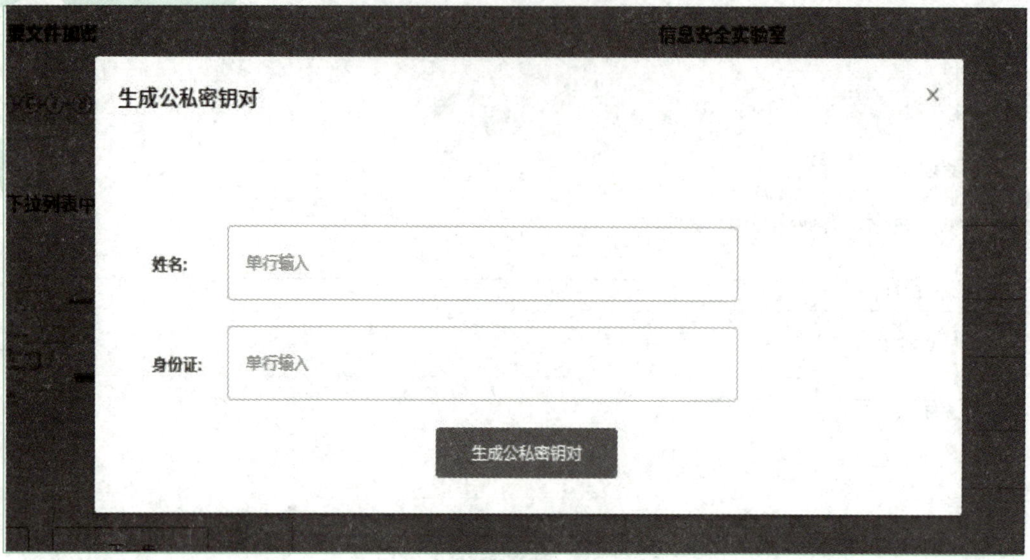

◆ 图6.1.8　姓名、身份证号输入框

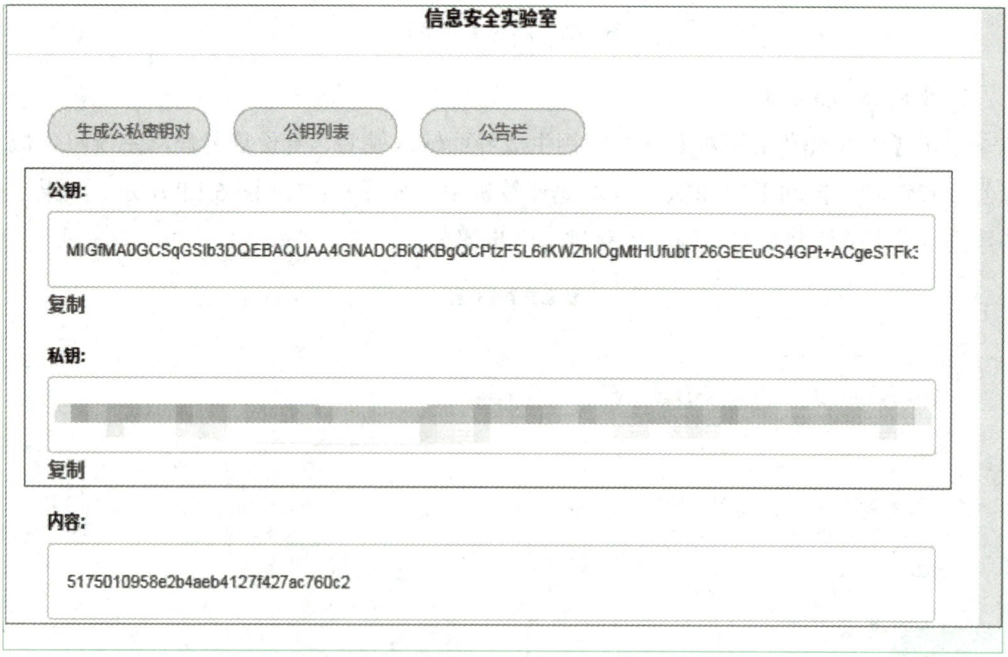

◆ 图6.1.9　生成公私密钥对

3) 对生成的哈希值进行数字签名

使用私钥对消息的哈希值进行数字签名生成密文。

找到上一步中生成的私钥→单击【私钥】信息框下的【复制】→在【私钥】下的文本框内右击→选择粘贴，将私钥粘贴到文本框中，如图 6.1.10 所示。

◆ 图6.1.10　粘贴【私钥】

单击【加密】按钮，数字签名算法将会使用私钥对内容进行签名，如图 6.1.11 所示。

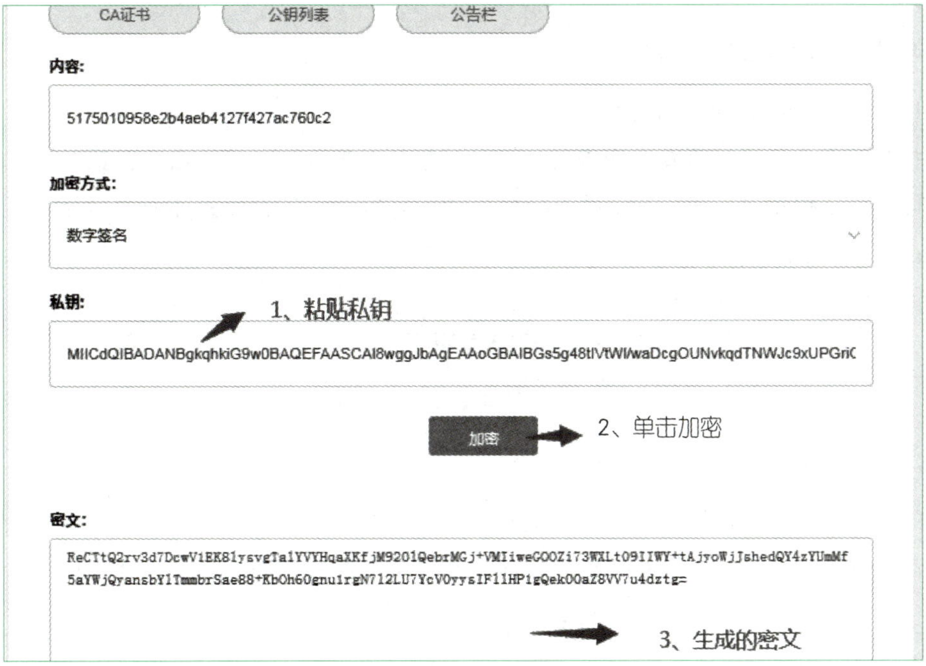

◆ 图6.1.11　生成密文

3. 加密内容经过数字签名后发送

单击【发送】按钮，系统会将密文及当前用户姓名一起发送至公告栏，如图 6.1.12 和图 6.1.13 所示。

◆ 图6.1.12　内容发送至公告栏

◆ 图6.1.13　密文发送成功

4. 信息接收、解密及验证

1) 查看公告栏并接收消息

打开公告栏，可以查看发送内容，验证信息是否被篡改。信息内容包括发送者姓名、手机号、密文和发送时间，其中的"摘要"功能可以通过哈希值验证密文是否被篡改过，如图 6.1.14 所示。

◆ 图6.1.14　单击【公告栏】查看内容

单击【公告栏】→找到需要解密的密文→选中并复制"密文"，如图 6.1.15 所示。

◆ 图 6.1.15　复制要解密的密文

2) 粘贴解密内容

单击浏览器【刷新】按钮 ⟳（或单击浏览器【后退】按钮 ←），回到任务首页→单击【解密】进入解密页面→把复制的密文粘贴在【内容】文本框内，如图 6.1.16 和图 6.1.17所示。

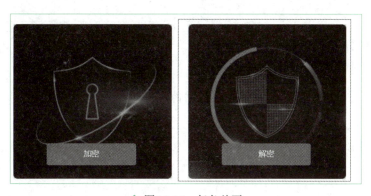

◆ 图6.1.16　任务首页

内容：

zi33t1HjyLZyFww05CjEm/dq0x3Hkj85QZcVbxVKq7DnzdcOx3PEJz8xRzmlvr49ROTYlFMybj8tlkzBC7OSiUy6ckM+d/Ya78b

解密方式：

RSA解密

私钥：

解密

◆ 图6.1.17　【内容】文本框

3) 复制公钥

在【解密方式】下拉菜单中选择【数字签名】→单击【公钥列表】→找到查询发送方的公钥→复制公钥，如图 6.1.18 和图 6.1.19 所示。

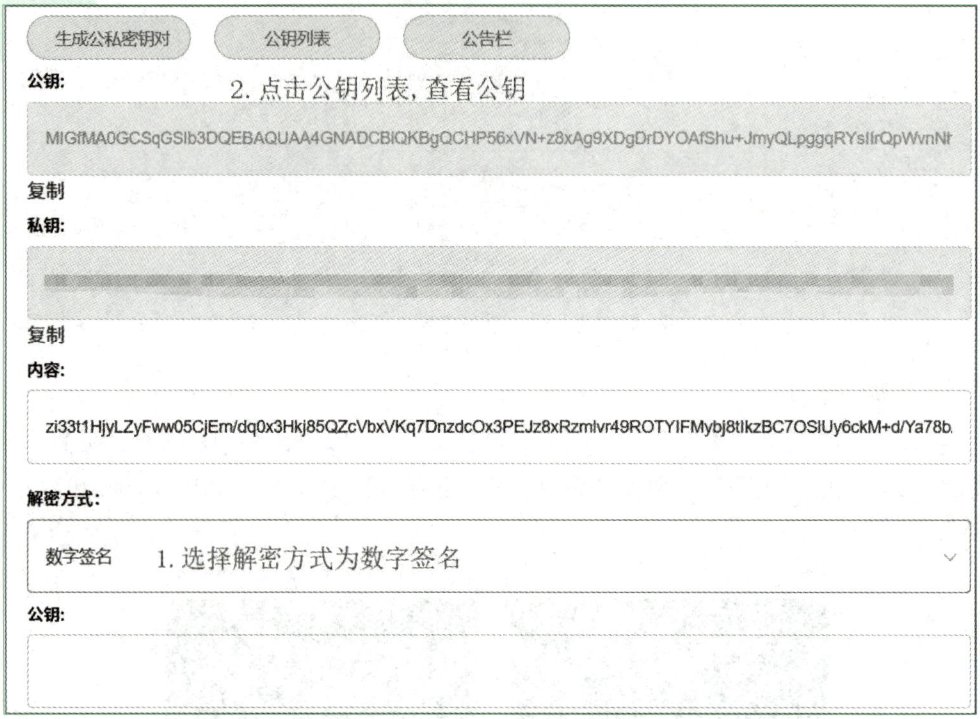

◆ 图6.1.18　查询发送方的公钥

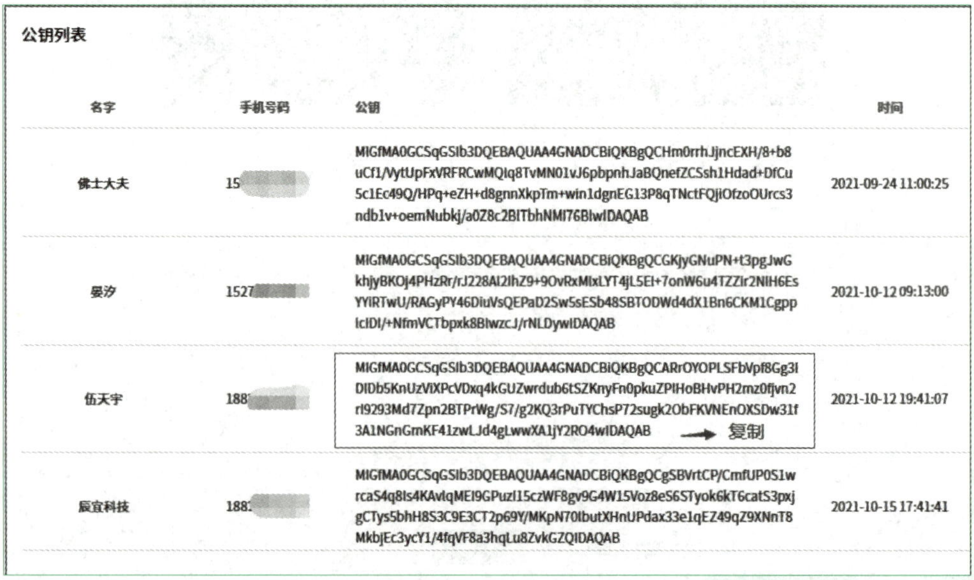

◆ 图6.1.19　复制公钥

4) 解密

将复制的公钥粘贴到【公钥】输入框中→单击【解密】按钮，得到明文→复制明文，如图 6.1.20 所示。

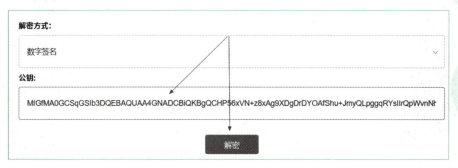

◆ 图6.1.20　复制明文

5) 验证

找到对应的验证项，单击【公告栏】，找到自己，然后单击【验证】按钮，粘贴复制好的明文到摘要输入框，单击【验证】按钮，如果提示一致，则表示文件信息没有被篡改，否则文件信息已被篡改，如图 6.1.21 ～图 6.1.23 所示。

◆ 图6.1.21　单击【公告栏】

发送者	手机号	密文	摘要	时
伍天宇	1882	ZoH51VCMtZA2ZLzquMJZwJdAhmIe/AHeGP rzz3g.JzYQKjs8WcMqy6/20dvigiodEgW/o7xC wqopQ46j25GnuUlBAk42PKEhGI7lqsWMVv2 mG0SXUSu7yKWHIYM+4KxiMqsf+k8kJX8Tpv gtLQDlcXiweZ0jSOr3jlfTsKmpCx5E=	验证	2021-10-1
伍天宇	1882	EUOUvK+A1mzZd+3ucsc1/vsLIO4SAM+ygfP 5KnSqZVjqvLNET7mExP2SzZ95pcOA+5sDQ s8Yty6LYEtr.JJ68GypdA3LC19Hw2YPrwZrJh2 BRoZ4Ccb+suUBn5FRzTHRlX4fcI7TzpiSGGH Pf+frDwbeNYC325e3m0JLFCwiKRsQ=	验证	2021-10-1
辰宜科技	1882	NvoeGT5EjYIZyFrLDwqODkLimWo7fQqBq4y +qYrVK2E53rkTIXl95xQnwrAr1RYvJo34N9m hskFZq7I/dQ+b/TOKiXjYQ9osXvWQchs.JtQ4 hwZ1rjfYpYRzq3/cnpwzgNCNJ0odVXpM37+ 1qceY4lff4d6hxRoA/oteWM0M6JFw=	验证	2021-10-1
伍天宇	188	UK3vh8dTcguoxtnN5zdeRScFMePRhhYtsYQ z5c8VSoIoCMC89DjOPSZQJb7xktPM2fCG1Js G77hiwuhFCz7E3x+qeMQ5EqH5MH8K+qT2c	验证	2021-10-1

◆ 图 6.1.22　找到【验证】

◆ 图6.1.23　粘贴明文并单击【验证】

可以将要验证的明文发送给其他同学，让其进行解密和互动，也可以将要验证的明文发给自己。

任务 6.2　基于 RSA 加密的实战

1. 数据加密

1) 登录

打开浏览器→输入辰宜云知识平台网址→打开辰宜云知识平台→单击【信息安全】按钮，进入任务界面。

2) 选择加密方式

单击【RSA 加密】右侧的【开始任务】按钮→在加、解密选择页面单击【加密】按钮进入明文输入页面。

3) 输入明文

在内容框内输入消息明文 "hello，cyber world!"，如图 6.2.1 所示。

基于RSA
加密的实战

◆ 图6.2.1　输入明文"hello，cyber world!"

4) 选择 RSA 加密方式

单击【加密方式】下拉框→单击选择【RSA 加密】，如图 6.2.2 所示。

◆ 图6.2.2　选择【RSA加密】方式

5) 生成公私密钥对

单击【生成公私密钥对】按钮→按照提示输入姓名、身份证号码，系统将生成一对公私密钥，该身份证号码与当前用户的手机号绑定，可通过本账号的手机号进行搜索，并自动下载和保存到本地计算机中，如图 6.2.3 ～图 6.2.5 所示，如果当前账号已生成了公私密钥对，则可以跳过这个步骤。

◆ 图6.2.3　生成公私密钥对

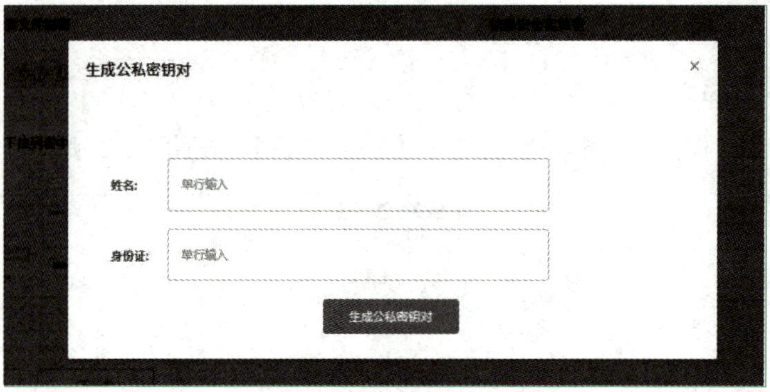

◆ 图6.2.4　在弹出的窗口中输入姓名和身份证号

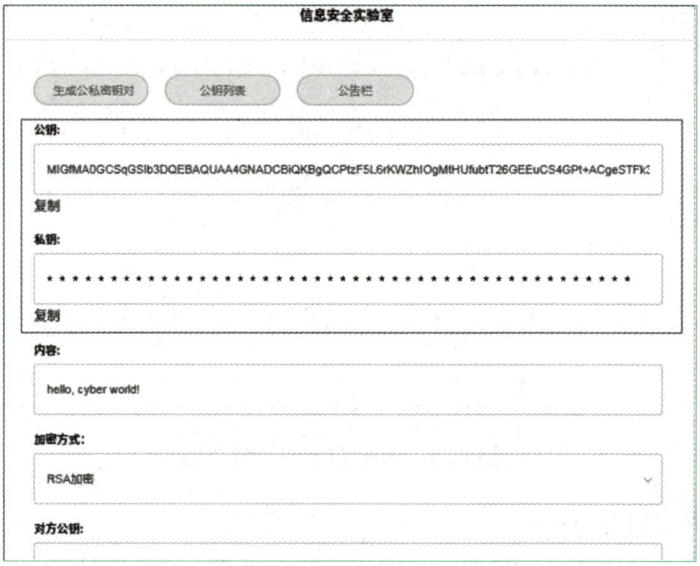

◆ 图6.2.5　生成公私密钥对完成

6) 对明文进行公钥加密

单击【公钥列表】→找到需要发送的消息→复制消息的公钥密码→将复制的公钥密

码粘贴到【对方公钥】→单击【加密】按钮生成密文→单击【发送】按钮将密文发送到公告栏，如图 6.2.6～图 6.2.8 所示。

◆ 图6.2.6　单击【公钥列表】

◆ 图6.2.7　复制所需公钥

◆ 图6.2.8　复制公钥并生成密文

2. 数据接收

单击【公告栏】按钮进入公告栏，可通过滑动下拉框或者搜索框进行查询，找到发给自己的信息，如图 6.2.9 所示。

◆ 图6.2.9 单击【公告栏】找到发给自己的信息

3. 数据解密

退出加密模块，单击【解密】按钮进入解密模块，单击【公告栏】按钮，将密文复制出来，将复制好的密文粘贴至【内容】文本框内，选择 RSA 解密方式，并在私钥文本框中输入与公钥对应的私钥，对密文进行解密，如图 6.2.10～图 6.2.16 所示。

◆ 图6.2.10 回到【作业】页面并选择【解密】

◆ 图6.2.11　选择RSA解密方式并点开【公告栏】

◆ 图6.2.12　选择【RSA】并复制接收方为自己的信息

◆ 图6.2.13　将复制的信息粘贴到【内容】栏里

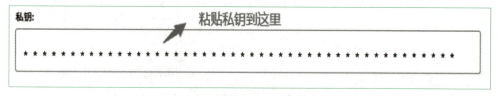

◆ 图6.2.14　复制私钥

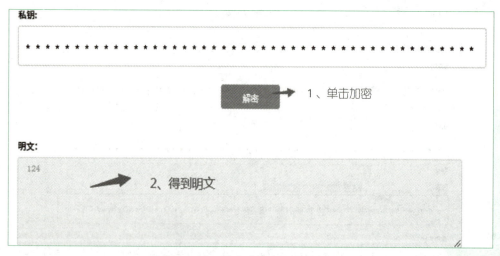

◆ 图6.2.15　将复制的私钥粘贴到【私钥】文本框中

◆ 图6.2.16　单击【解密】后得出明文

任务 6.3　基于 AES 加密的实战

基于 AES
加密的实战

1. 数据加密

数据加密的步骤如下：

(1) 打开浏览器→输入 "https://se.change-e.com"→按回车键，打开辰宜云知识平台，单击【信息安全】图标，如图 6.3.1 所示。

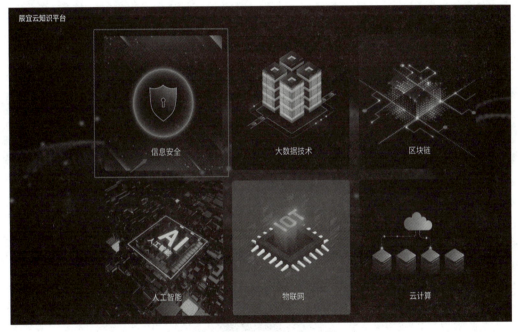

◆ 图6.3.1　单击【信息安全】

(2) 进入信息安全界面，单击 AES 加密任务右侧的【开始任务】按钮进入 AES 加密任务界面，单击【加密】按钮进入加密界面。

(3) 输入消息明文。在【内容】框内输入所要发送的消息明文 "hello，cyber world!"，如图 6.3.2 所示。

(4) 选择加密方式。在下拉列表中选择 AES 加密方式，并在【密钥】框内输入密钥，如图 6.3.3 所示。

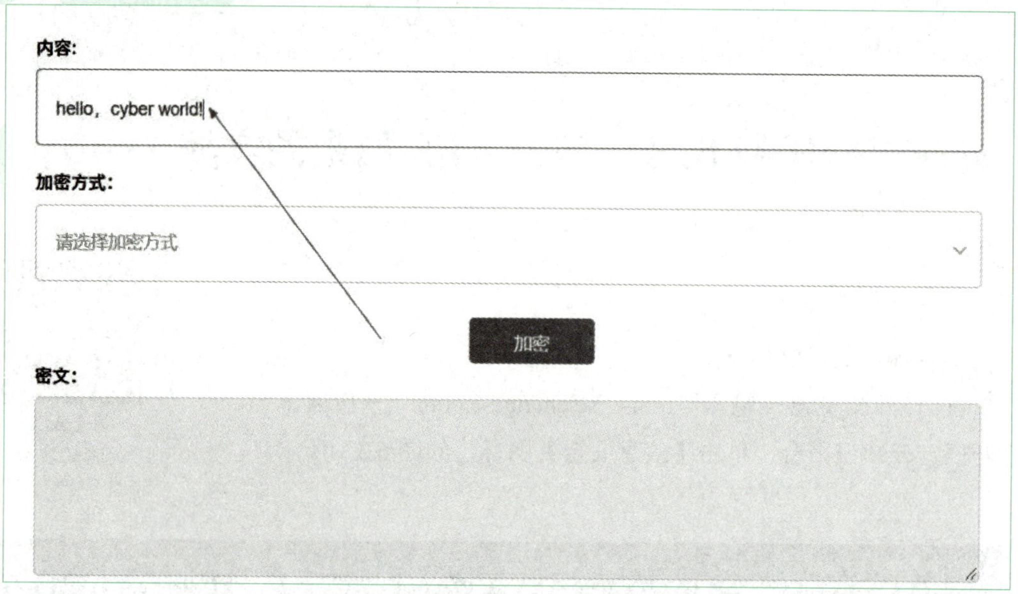

◆ 图6.3.2　在【内容】框中输入待加密的明文

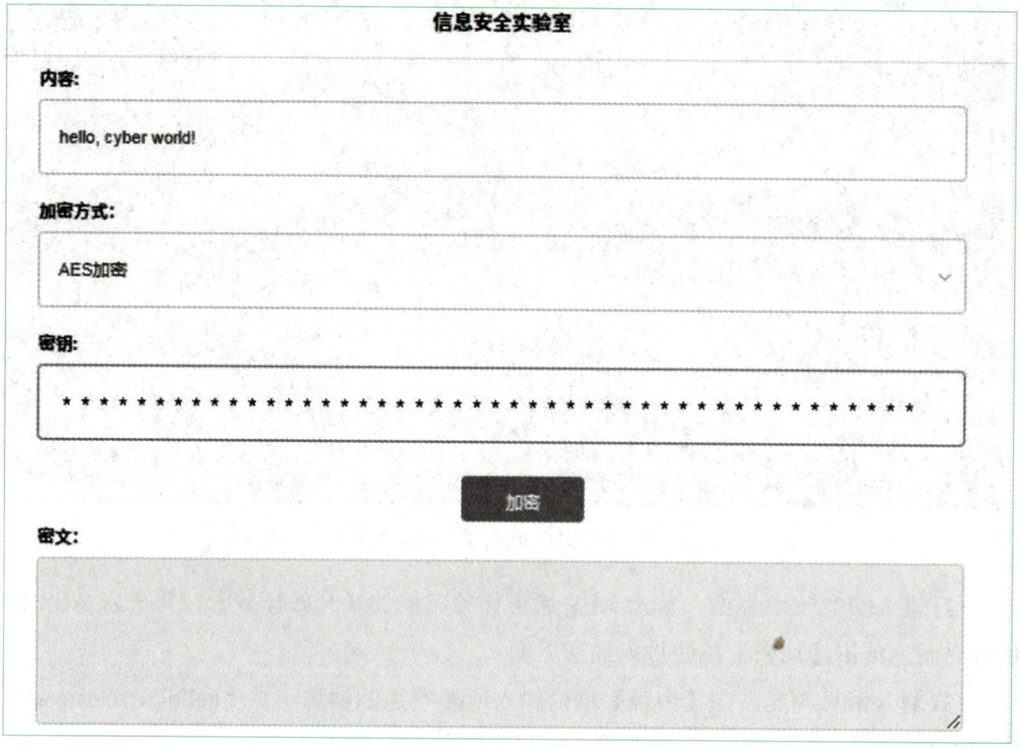

◆ 图6.3.3　选择【AES加密】并输入密钥

(5) 加密。单击【加密】按钮，系统会对所输入的明文进行加密，在底部密文返回框内可查看返回的密文，如图 6.3.4 所示。

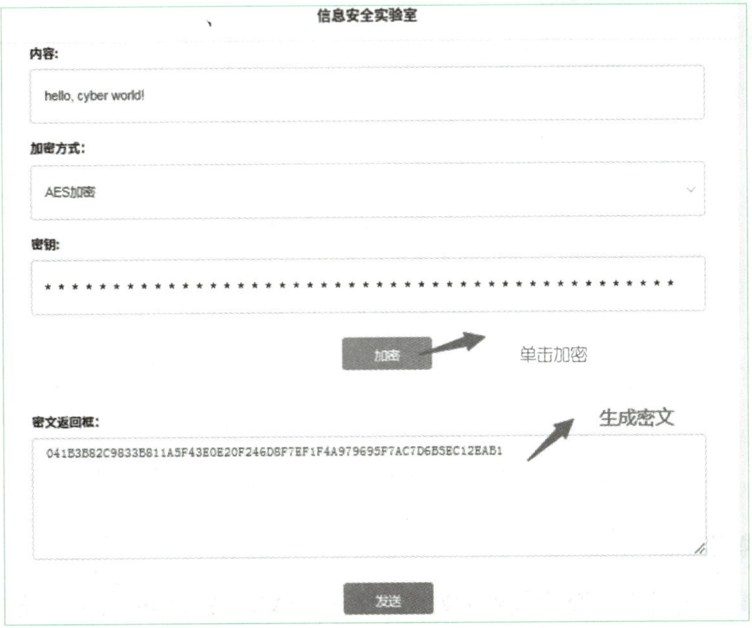

信息安全实验室

内容:

hello, cyber world!

加密方式:

AES加密

密钥:

* *

加密　　→　　单击加密

密文返回框:　　　　　　　　　　　　　　　　　　生成密文

041B3B82C9833B811A5F43E0E20F246D8F7EF1F4A979695F7AC7D6B5EC12EAB1

发送

◆ 图6.3.4　单击【加密】后会生成密文

2. 发送加密数据

在图 6.3.5 中单击【发送】按钮将弹出一个窗口，如图 6.3.6 所示，在该窗口的【收件人手机号】框中输入收件人的手机号码，在【正文】框内填入密文，单击【确定】按钮进行发送。

内容:

hello, cyber world!

加密方式:

AES加密

密钥:

* *

加密

密文返回框:

041B3B82C9833B811A5F43E0E20F246D8F7EF1F4A979695F7AC7D6B5EC12EAB1

发送　　→　　单击发送

◆ 图6.3.5　单击【发送】按钮

◆ 图6.3.6　在弹出的窗口中输入相关内容后单击【确定】按钮进行发送

3. 数据解密

收件人打开消息中心查看收到的密文，复制密文，进入解密页面。将密文粘贴在文本框内，选择解密方式为【AES】，并输入正确的密钥，单击【解密】按钮，对内容进行解密，可以看到明文"hello，cyber world!"，如图 6.3.7 ～图 6.3.9 所示。

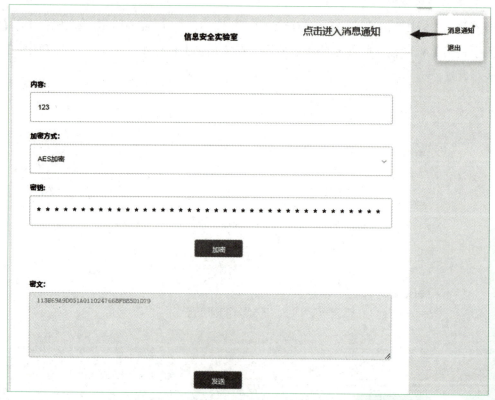

◆ 图6.3.7 单击【消息通知】进入消息中心查看收到的密文

发件人	主题	←复制收到的AES加密后的密文	时间
		041B3B82C9833B811A5F43E0E20F246D8F7EF1F4A979695F7AC7D6B5EC12EAB1	2021-10-15
		6F1C1BD72D4C4234C2BA2F1F458AAACD	2021-10-15
18820		c4mm+Waly2r32HHJU7odcKQkFdhpFwe/9+wKuMxaCoitXm3/6x4kO8hDApe4Wndt9SGxyXCjALZ6q1wxYJnIaujM7KVH/rAUzdnUGWYcX6ARt07vJTBUj5V1oUdDSGJhz9V77bmCRH7lp6uwO2VuvBUratEEc6nYgmdXdJSauxg=	2021-10-14
1882		FSewMNZZ6BWxsJt1VDTizCAHNeb4GMbAWOB6xEMmn/umvIRK6KQ17MX4XjHzahnNxdIv1g++slcRHdNw8zFd3a7Tv3zmsiySsCMXqGJJr+mH1LikrTFg4KJKZ6o+oSSJTIKzySo2FKeZ8IuCEwn2C0HW7VMktsWv30RMOxqEZfs=	2021-10-13
1527		GfZ2XvugDc2OAijtUzO4mY7TTSvW/KZnuOvmh4Jyct0Fn5If0qKEA5ztM5qAiTSLKCPlyi54xepkDn7Qmm3xBO2p4pEVnJl1bhd3BxRJCrwk7b6wwz0w4+C4Di6cSAknxIXqE6dJ4R/XYxqcrhGaI8FfshPlUtNV1EXuVPyvLpY=	2021-10-12
1527		cZLHTkBHk+zet6RLYatSqtOdG2yRGkTJkDvSe/jkG7m77RbU6jZRJ8Oi+PR1vNcTsUm8KzIpsaoSYtr+u9IJ7nkjYdkk+ykGFwb/x2rzGdRx9p0DOFRK9uOmbNx3B2IZqfqUU5bgLA9VaVOZ6MCvCOcQaiLeqoXvKyBzQZ1mzGE=	2021-10-12
1527		cjkKQSfpzGWVWoK8AfTPXv7+pHR4vJLlxCGxowXwN/THCFUCS+ometbi6QjXc4DQM8xWMwSNYLA5SYURycJ3bTHYjKMsSWwaCvH6dCCPoaV8DP4I2vxobvjY9P4my1qMKfB+MGRw9541BHvzQsDynCwIw15q3XOTbsdlAUYkuro=	2021-10-12

◆ 图6.3.8　复制收到的密文

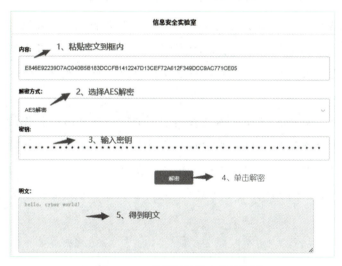

◆ 图6.3.9　对复制的密文进行解密

　　1. 和同学组成合作小组，分别充当发信人和收信人，然后登录辰宜云知识平台，在【信息安全】模块中找到习题 1，按要求完成 RSA 加密通信的实操练习。

　　2. 在平台中找到习题 2，选择 MD5 加密方式，依次对输入的明文"1234""123*4""12-34"进行加密，比较三者的哈希值，然后解释为什么 MD5 被誉为"数字指纹"。

第7单元　大数据技术

课程思政

大数据助力我国产业发展

十九大报告中提出"推动大数据与实体经济深度融合"，我国实施国家大数据战略已初见成效。我国独有的大体量应用场景和多类型实践模式，促进了大数据领域技术创新速度和能力水平，大数据技术处于国际领先地位。

大数据助力我国产业发展

在技术方面，我国大数据技术发展属于"全球第一梯队"，但国产核心技术能力严重不足；在产业方面，我国大数据产业多年来保持平稳快速增长，但面临提质增效的关键转型；在应用方面，大数据的行业应用更加广泛，正加速渗透到经济社会的方方面面。请观看视频"大数据助力我国产业发展"。

任务情境

近日，市场监督局委派张明作为市场调查员，对本市的水果销售进行一次市场分析，主要分析水果的单价、销售量、销售额和区域之间的数据相关性，为经营生产者的市场活动提供借鉴和参考。由于市场数据量庞大，常用的 Excel 软件已无法胜任，因此张明提议使用一款新型大数据处理工具——自助仪表盘，来实现这次的市场调研分析。

任务分析

工欲善其事，必先利其器。一个好的工具可以使我们的工作事半功倍，快速挖掘出大数据的价值。作为信息技术的初学者，在面对庞大而复杂的大数据时，有必要选择一个合适的处理工具。

Excel 作为常用的数据处理工具，有简单、易上手的特点，但面对大规模数据处理时，其性能和效率就显得不太够用了。Excel 处理的单表最大数据量为 1 048 576 行和 16 384 列。一般来说 Excel 处理规模在 100 万行以下的数据较为合适，一旦数据超过这个范围，Excel 将变得非常卡顿，打开已经非常耗时，更无法作进一步的数据处理分析工作。而市场监督局的市场分析数据，面对的是一个区、一个城市的数据，其量级往往达到千万级，这个数据量级下 Excel 作为分析工具就显得不够用了，此时自助仪表盘就可以派上用场。

以 Hadoop、Python 等为代表的工具，其种类丰富、功能强大，但是门槛较高。借助一些简洁明了的数据分析工具，来实现超大数据集的动态分析和可视化交互，是一个不错的选择。在本任务中，将采用辰宜科技出品的数据分析工具 —— 自助仪表盘来进行大数据相关性的分析和可视化作图，以实现本任务既定的目标。

 相关知识点

1. 大数据

大数据是指在短时间内无法通过常规手段或者方法来进行捕捉、分析以及处理的数据集合。大数据的概念最早于 2008 年左右被提出，目前经过十几年的发展，已经在多个领域衍生出了不同的应用，包括云计算、物联网、工业 4.0 等领域。通常业界认为大数据有四个特点：数据规模大 (Volume)、速度响应快 (Velocity)、数据多样性 (Variety) 和价值密度低 (Value)，简称 4V 特性。

2. 数据分析

数据分析，即以统计学的视角或者方法，对大量的数据进行分析，并将它们加以汇总和理解，从而最大化地得到数据中所蕴含的重要信息，最大化地发挥数据本身的作用。通过数据分析，发现其中最具有价值的内容和信息，从而尽可能地满足不同客户对数据价值的需求。

3. 数据可视化

数据可视化就是将数据转换成图或表等，以一种更直观的方式展现和呈现数据。通过"可视化"的方式，将我们看不懂的数据用图形化的手段进行有效的表达，准确高效、简洁全面地传递某种信息，有助于快速发现数据背后的规律、找到原因、做出判断。数据可视化是一项非常实用的分析方法，通常利用图形和图像处理、计算机辅助分析、计

算机视觉以及其他用户界面的方法，来多角度、全方位地展现出一个数据集中所蕴含的结论、规律、特征和价值。

任务实施

任务7.1 大数据仪表盘实战

1.登录系统

登录系统的步骤如下：

(1) 打开浏览器→输入"https://se.change-e.com"→按回车键，打开辰宜云知识平台，单击【大数据技术】图标，如图7.1.1所示，登录辰宜云知识平台。

大数据仪表盘实战

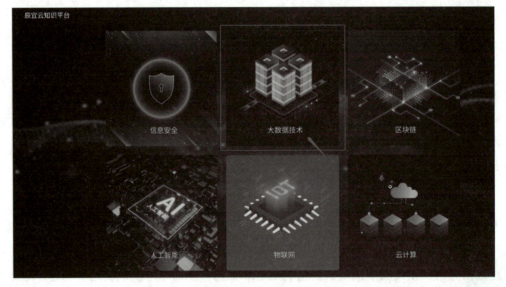

◆ 图7.1.1　登录平台

(2) 在【实施任务】列表中选择【大数据订单分析】任务，单击右侧的【开始任务】按钮。

2.仪表盘地图设置及展示

仪表盘地图设置及展示的步骤如下：

(1) 在左侧栏下方的【智能配图】面板中选取图形样式，样式包括柱状图、折线图、地图、饼图等图形，单击 🐔 地图图标，选择地图样式，如图 7.1.2 所示。

◆ 图7.1.2　选择配图样式

(2) 数据对象的选取，选择要分析的对象，在页面左上方单击【行配置】选项，在行配置的树形目录中勾选业务对象【订单】下的【区域】选项，选择区域数据，如图 7.1.3 所示。

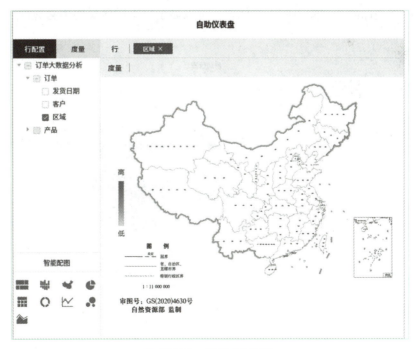

◆ 图7.1.3　选择【区域】

(3) 数据度量选取，选择对象的度量，单击页面左上方的【度量】选项卡，在业务对象【订单】中勾选业务属性【销售量】，如图 7.1.4 所示。

◆ 图7.1.4　选择【销售量】

此时，将光标放在地图上的不同位置，可以显示出不同区域的销售数据，如图 7.1.5 所示。

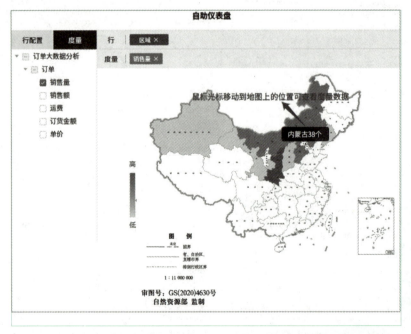

◆ 图7.1.5　移动光标查看对应区域的销售数据

3. 仪表盘柱状图设置及展示

仪表盘柱状图设置及展示的步骤如下：

(1) 在左侧栏下方的【智能配置】面板中单击柱状图图标，选择柱状图样式，如图 7.1.6 所示。

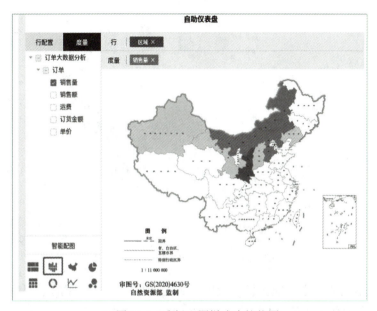

◆ 图7.1.6　选择配图样式为柱状图

(2) 数据对象选取，选择要分析的对象，在页面左上方单击【行配置】选项，在行配置的树形目录中勾选业务对象【产品】下的【产品名称】选项，选择产品名称数据，如图 7.1.7 所示。

◆ 图7.1.7　选择【产品名称】

(3) 数据度量选取，选择对象的度量，单击页面左上方的【度量】选项卡，在左侧的树形目录中勾选业务对象【订单】里的【销售量】和【单价】，如图 7.1.8 所示。

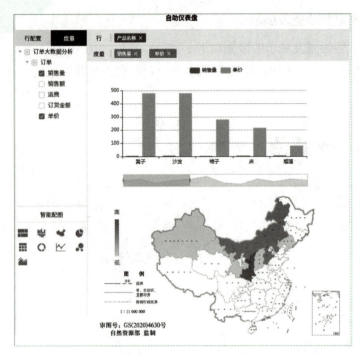

◆ 图7.1.8　选择【销售量】和【单价】

　　此时，在地图的上方生成销售柱状图，将光标拖动到柱状图的不同位置，可以显示出不同区域中某商品的销售量和单位数据，如图 7.1.9 所示。

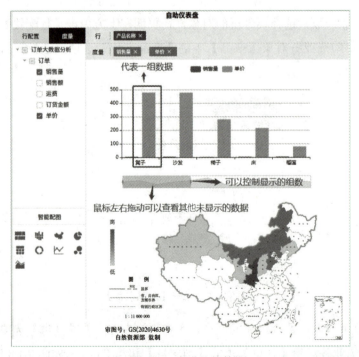

◆ 图7.1.9　查看具体数据

重复以上步骤，可在仪表盘中添加更多展示图形，使仪表盘更加丰富。

4. 数据分析

根据图表的数据内容，进行数据分析可得出以下结果：地图中，颜色越深表示销售量越大，由此可以看出广东、河北、辽宁和吉林四个省份销售量最大。但在柱状图中（柱状图蓝色部分，通过二维码视频查看）销售量高度基本一致，没有明显区别，而单价高度存在明显的差异（柱状图黄色部分，通过二维码视频查看），可以看出，各省份订单数据的单价与销售量之间并无明显相关性。

任务 7.2　生成数据分析表

1. 登录系统

登录系统的步骤如下：

(1) 打开浏览器→输入"https://se.change-e.com"→按回车键，打开辰宜云知识平台，单击【大数据技术】图标，如图 7.2.1 所示。

生成数据
分析表

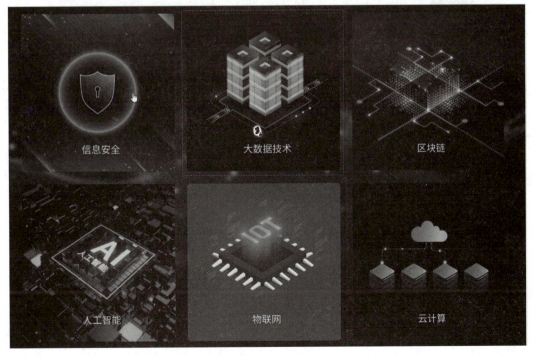

◆ 图7.2.1　登录平台

(2) 单击【实施任务】，选择任务【生成订单数据分析表】，单击【开始任务】。

2. 数据源配置

数据源配置的步骤如下：

(1) 选择数据源，在【透视分析】界面的左上角【数据集】下拉框中单击【订单主题】选择数据集，如图 7.2.2 所示。

◆ 图7.2.2　选择【订单主题】数据集

(2) 数据对象配置，选择要生成数据透析表的对象。在左侧【行配置】选项卡的【产品】中勾选业务属性【产品类别】和【产品名称】，并在业务对象【订单】里勾选业务属性【区域】，如图 7.2.3 所示。

◆ 图7.2.3　【行配置】选项

(3) 数据度量配置，选择数据对象的度量，在左侧的【度量】选项卡中的【订单】里勾选业务属性【销售量】和【单价】，如图 7.2.4 所示。

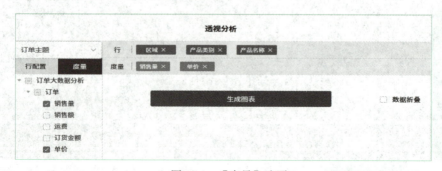

◆ 图7.2.4　【度量】选项

3. 生成图表

单击页面中间的【生成图表】按钮，如图 7.2.5 所示，生成数据分析图表。

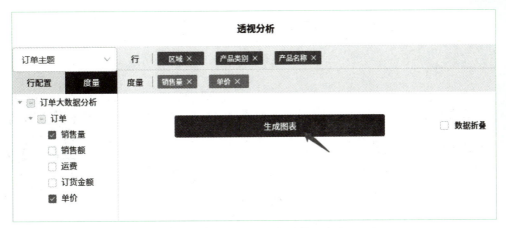

◆ 图7.2.5　单击【生成图表】按钮

此时，会生成一个透视分析表来展示数据，如图 7.2.6 所示。

透视分析

区域	产品类别	产品名称	销售量	单价
			4	479
			5	317
			3	353
		凳子	9	449
			8	262
			3	141
			6	458
			3	370
			6	412
			9	204
		沙发	2	216
			3	423

◆ 图7.2.6　生成的图表

任务 7.3 生成高考主题数据分析表

1. 登录系统

登录系统的步骤如下：

(1) 打开浏览器→输入"https://se.change-e.com"→按回车键，打开辰宜云知识平台，单击【人工智能】图标，如图 7.3.1 所示。

生成高考主题
数据分析表

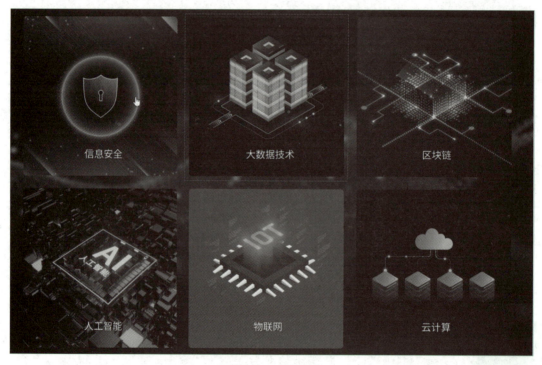

◆ 图7.3.1 登录平台

(2) 在任务列表中选择【生成成绩数据分析表】任务，单击右侧的【开始任务】按钮。

2. 数据源配置

数据源配置的步骤如下：

(1) 选择数据源，在【透视分析】界面的左上角【数据集】下拉框中选择【高考主题】数据集，如图 7.3.2 所示。

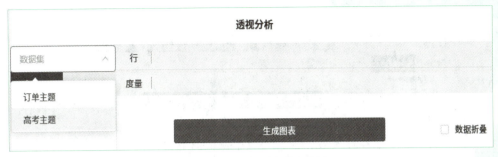

◆ 图7.3.2　选择【高考主题】

(2) 数据对象配置，选择要生成数据透视表的对象。在左侧【行配置】选项卡的【考试】中勾选业务属性【学校】、【分数线】、【学生】和【科目】并将选项卡【地域】中的【区域】也勾选上，如图 7.3.3 所示。

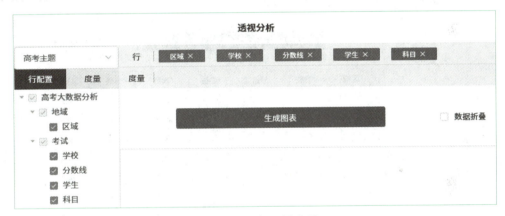

◆ 图7.3.3　行配置选项

(3) 数据度量配置，选择数据对象的度量，在左侧的【度量】选项卡中勾选业务属性【分数】和【总分】，如图 7.3.4 所示。

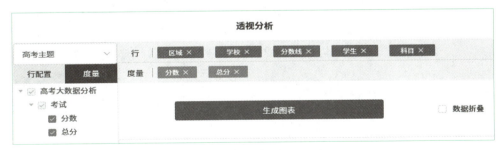

◆ 图7.3.4　数据度量配置

3. 生成图表

单击页面中的【生成图表】按钮，如图 7.3.5 所示，生成数据分析图表。

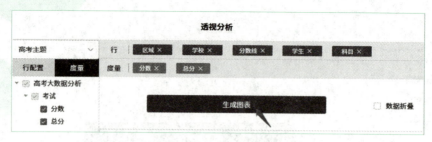

◆ 图7.3.5　单击【生成图表】按钮

此时，会生成一个成绩数据分析表，如图 7.3.6 所示。

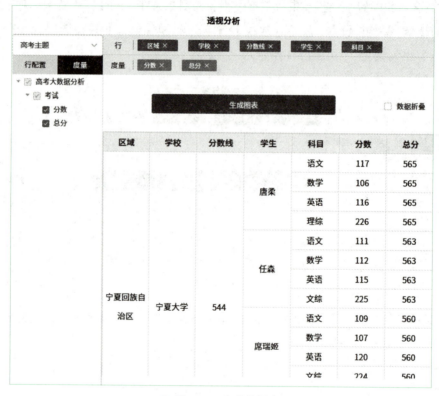

◆ 图7.3.6　生成的图表

1. 登录平台，使用自助仪表盘工具分析并判断销售额最高的产品类别，并分析销售额与单价是否有相关性。

2. 登录平台，使用自助仪表盘判断区域和单价是否有相关性。

第8单元 区 块 链

区块链技术发展与应用

区块链已经成为全球互联网金融最为火热的概念。作为核心技术自主创新重要突破口，区块链在我国将开启新征程，核心技术研发和行业应用落地是今后产业发展的主赛道。

区块链作为一项新兴技术，在全球仍处于发展早期阶段。从区块链技术角度看，在区块链技术申请专利上，目前我国区块链发展水平处于全球第一梯队。

区块链技术
发展与应用

同时，在区块链底层基础技术上，我国则处于相对落后位置，目前区块链的主流算法，基本都是由国外开发的，在区块链的拓展性层面，比如跨链、分片等技术开发上也都由国外团队或机构主导，自主核心技术仍有待提升。请观看视频"区块链技术发展与应用"。

任务情境

中医药具有贯通一二三产业形成"全产业链"的特性，已成为我国新的经济增长点。从 1996 年到 2016 年，中药产业的增长达到 36 倍之多，其中，中药饮片的规模 20 年间增长了 416 倍，所以确保中药材的质量是促进中药产业健康发展的关键。

小王是某中药企业的采购员，欲采购一批道地药材。小张是药材种植户，一直坚持种植道地药材。经朋友小李介绍，小王认识了小张，并准备大规模采购小张的药材。由于双方之前并未合作过，因此彼此对交易过程中的资金安全、账期、药材质量等关键因素均十分担忧。同时鉴于电商平台手续费高昂、账期长、纠纷举证繁琐等原因，通过电商平台完成交易对双方来说都存在较大风险，小李知道后，想到身边其他人近期纷纷通过区块链平台来进行可信交易，于是也推荐小王和小张使用此种方式进行交易。

　　备注：道地药材，又称为地道药材，是优质中药材的代名词，指特定自然条件和生态环境的区域内所产的药材。

任务分析

　　传统互联网电商交易中，手续费高昂、账期长、纠纷举证繁琐等已成为普遍的行业问题。各大电商平台倚仗平台高度中心化的流量优势，不仅收取入驻商家高额的手续费、服务费、竞价排名等费用，而且有意无意中延长应付账期，严重制约了行业的健康发展。

　　其次，买卖双方间频频出现"以次充好""恶意差评"和"刷好评"等现象，当事人举证难、维权更难。

　　在此背景下，国产区块链系统的优秀代表 —— 辰宜区块链操作系统应运而生，它具有优秀的性能指标，其每秒千万级的交易速度，完美支持区块链在商用领域的大规模应用；其先进的完全去中心化的可信网络以及中文智能合约机制，让交易各方可轻松上链，且不可篡改、无法抵赖、全程可溯源，很好地解决了传统电商平台面临的各种问题。

相关知识点

1. 不可篡改

　　区块链是一种分布式数据库，其数据以"区块"为单位，以链的方式前后关联，并全量存储在所有分布式节点中，任一节点的任意数据丢失、损毁均不会影响全链数据安全。其节点可以是任何用户，包括服务器、笔记本电脑、智能手机等。区块链分布式的存储特点，决定了其每个节点都拥有完整的全部账本数据，记录了全部的历史交易数据，具有"不可伪造""全程留痕""可以追溯""公开透明""集体维护"等特征。基于这些特征，区块链技术奠定了坚实的信任基础，创造了可靠的合作机制，具有广阔的应用前景。

2. 去中心化

　　"去中心化"是区块链的另一个重要特点。在区块链中，每个用户都是一个节点，每个用户产生的新区块都将分发给所有的用户，并且所有节点都是互相同步、互相验证的。

通过这种公开、透明的记账方式，每个节点都有一份完整一致的全网账本，单个节点无法篡改账本信息，从而确保了全网数据的可信可靠。

3. 新型信任机制

区块链要求每个节点在共同的账本上对每一笔交易进行分布式记账，每当交易发生之后，信息会通知到所有的节点，各个节点按照预设的规则独立地对交易进行确认，整个过程中，信息透明统一，参与者的资格权限完全对等。多数"点"确认的结果就是最终的结论，系统会自动将你的数据修正为大家认可的结果。你想作弊或者坚持不同的观点，除非你能让超过 51% 的"点"都同时认可你的结论，当区块链网络中参与的"点"多到一定程度时，就要发动 51% 以上的参与者同时认同你，这几乎是不可能的。一次交易得到确认之后，交易的记录和各种数据打包成块，加上时间戳，编入链中，然后启动下一轮交易 (块)，新旧区块前后为继形成"链"。各个区块所存储的交易记录可以无限追溯，随时备查且无法更改，想要作假、撒谎、隐瞒真相，根本无机可乘，信任由此得以确立！这种信任不依赖于某个权威，而是建立在"共识"之上，这是一种由所有参与者在完全平等和信息充分透明的基础之上达成的"共识"，并且由所有人共同维护和传承已经形成的"共识"。

4. 智能合约

第二代区块链引入了"智能合约"机制，在程序中加入了能够自动履行的合约，一旦约定的条件得到满足，无需任何人为介入，系统将自动实施强制交付，所有的联结点也都会见证和确认这一过程，最大程度杜绝了背信弃义行为的发生。它的出现使得区块链从单一的去中心化数字支付扩展到全栈的业务场景，为区块链在各行业落地应用奠定了基础。

任务实施

任务 8.1　通过智能合约实现交易

1. 登录平台

登录平台的操作步骤如下：

(1) 打开浏览器→输入"https://se.change-e.com"→按回车键，打开辰宜云知识平台，并登录进入首页，单击【区块链】图标，

通过智能合约
实现交易

如图 8.1.1 所示。

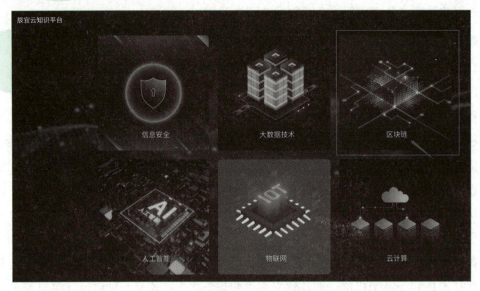

◆ 图8.1.1　登录平台

(2) 进入【实施任务】列表，在【利用区块链智能合约完成一次交易】右侧单击【开始任务】，进入区块链中文编程界面。

注意：①当前章节所有涉及编程的步骤都在图 8.1.2 所示的界面完成，且都遵循编辑代码 (在图 8.1.2 中编辑代码区域编辑程序输入内容)，执行代码 (在图 8.1.2 中单击【执行】按钮执行代码)，得到执行结果返回的操作顺序 (在图 8.1.2 执行结果返回区域中查看代码执行结果)；②所有程序调试前，要确保上链服务器和合约服务器已设置成功，这是一个必要条件。

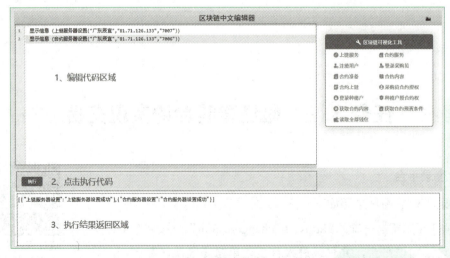

◆ 图8.1.2　代码编辑器区域说明

※ 程序输入内容：

显示信息(上链服务器设置("广东辰宜","81.71.126.133","7007"))

显示信息(合约服务器设置("广东辰宜","81.71.126.133","7006")

※ 程序调试结果：

[{ "上链服务器设置": "上链服务器设置成功" }, { "合约服务器设置": "合约服务器设置成功" }]

2. 用户注册

1) 用户注册 (采购员)

使用辰宜区块链系统之前，需要注册用户，注册成功后，系统自动生成并分配 CA 证书，证书信息主要包括用户的公、私密钥对和私钥密码。

首先注册采购员的账号，提交的注册信息格式为 "账号名 (采购员 + 手机号码)，密码，手机号，身份证号，地址，备注"。注意账号名和身份证号不能重复使用。

※ 程序输入内容：

显示信息(注册用户("采购员18826000000", "123456", "18826000000", "4406831992 01011147", "佛山", "我是采购员"))

※ 程序调试结果：

[{ "注册用户": "注册成功！ ", "用户名": "采购员18826000000", "公钥":" 17553467552644553077554777556407557432355622055402275576324554492355309205527397554679055727995113776446770636773354772346775605770226774655774226776536776205773639577365907705599711477200577503957745590776359971","私钥"： "18776948207759384277593842776938427738447726854779082677248657729842773982577338657709584577698257762864711755790827556978475549486255693826554968765579386655496803557908405569384755794862550978475569844556287251123369784233494825330958523369827336280531", "私钥密码":"123456"}]

2) 用户注册 (种植户)

参照采购员的注册步骤，在系统中注册种植户的账号。

※ 程序输入内容：

显示信息(注册用户("种植户18826000000"，"123456"， "18826000000"，
"440683199201011133"，"佛山"，"我是种植户"))

※ 程序调试结果：

[{ "注册用户"： "注册成功！"，"用户名"："种植户18826000000"，"公钥"："1
43274436644324553045536405304727375220356225320724376927354920355795340
59032459931154573642226422574657645605463964259640526402364270540639540
359047559941100537506339505259706559901"，"私钥"："173694845359782035978
45369784637842326820390866324824329827379840377876309584436984736284431
17549686056978275494847569387057928325792864549686757908725693820569483
65097862569876562877511036978563590847309584236982236284231"，"私钥密
码"："123456" }]

3. 登录区块链系统

用注册好的采购员账号登录系统，登录信息包括"账号名，密码"。

※ 程序输入内容：

显示信息(登录系统("采购员18826000000"，"123456"))

※ 程序调试结果：

[{"登录系统"： "区块链系统登录成功！"}]

4. 编写智能合约

1) 智能合约准备

依次定义以下智能合约的基本要素：定义智能合约的合约名称，定义合约执行的次
数，定义甲方为合约的参与人之一且授权的数据为种植户药材价格，定义乙方为合约的
参与人之一且授权的数据为采购员应付价格。

※ 程序输入内容：

智能合约名称("药材购买合同")
合约执行次数(1)
用户授权("甲方"，"数值变量 种植户药材价格")
用户授权("乙方"，"数值变量 采购员应付价格")

2) 智能合约内容

智能合约内容如下：

(1) 首先输入合约细则内容：

① 若采购员收到药材后，发现其中部分药材的质量达不到企业的要求，无法使用，则采购员有权拒绝付款并将全部药材退回到种植户账号。

② 若采购员收到药材且药材质量没问题的情况下拒绝付款给种植户，则种植户有权将此合同作为法律凭证提出法律诉讼。

③ 买卖双方在交易完成后发生分歧和争执时，都可以将此合同作为法律凭证进行己方利益维护。

(2) 进行文本上链。

(3) 最后判断"种植户药材价格"和"采购员应付价格"的值是否相等，如果相等，则从采购员钱包转账到种植户的钱包上，否则打印"双方授权金额不一致，交易失败！"的信息。

※ 程序输入内容：

合约内容
履约方("甲方")
显示信息("1、若采购员收到药材后，发现其中部分药材的质量达不到企业的要求，无法使用，则采购员有权拒绝付款并将全部药材退回到种植户账号。2、若采购员收到药材且药材质量没问题的情况下拒绝付款给种植户，则种植户有权将此合同作为法律凭证提出法律诉讼。3、买卖双方在交易完成后发生分歧和争执时，都可以将此合同作为法律凭证进行个人利益维护")
正确则执行 种植户药材价格=采购员应付价格
显示信息(交易金额("甲方"，"乙方"，数值转文字(采购员应付价格)，"药材合同款"))
错误则执行
显示信息("双方授权金额不一致，交易失败！")
条件结束
合约结束

3) 智能合约上链

为了保证合约可信和可追溯，需要对合约进行上链操作。

(1) 智能合约上链：线下双方看过合同内容且同意后才进行合约上链，合约上链成功后可作为法律凭证以处理事后分歧与争执。

(2) 对编写好的智能合约进行合约上链。

※ 程序输入内容：

> 显示信息(合约上链())

※ 程序调试结果：

[{ "合约上链"： "合约上链成功！"， "哈希值"："20211214142322000000000000456235535264635242042046524456626560340562226200426420544266565 4"， "区块高度"： "11147"，"业务名称"： "cy_chain"}]

5. 授权智能合约

1) 采购员授权

采购员对智能合约进行合约授权（采购员和种植户都授权后，智能合约才会执行）。

※ 程序输入内容：

显示信息(合约授权("2021121414232200000000000004562355352646352420420 46524 456626560340562226200426420544266565 4","采购员应付价格 = 100"))

※ 程序调试结果：

> [{ "合约授权"： "授权合约成功！"}]

2) 用户登录（登录种植户）

※ 程序输入内容：

> 显示信息(登录系统("种植户18826000000"，"123456"))

※ **程序调试结果：**

[{ "登录系统"："区块链系统登录成功！" }]

3) 种植户授权并执行

种植户对智能合约进行合约授权 (因为在 "1) 采购员授权" 步骤中采购员已经成功授权智能合约，所以种植户授权后，智能合约会自动执行)。

※ **程序输入内容：**

显示信息 (合约授权 ("2021121414232200000000000045623553526463524 204204 652445662656034056222620042642 05442665654"，"种植户药材价格 = 100"))

※ **程序调试结果：**

[{"合约授权"："授权合约成功！"} ，{"系统返回_0"："执行合约成功！"} ，{"系统返回_0"："1、若采购员收到药材后，发现其中部分药材的质量达不到企业的要求，无法使用，则采购员有权拒绝付款并将全部药材退回到种植户账号。2、若采购员收到药材且药材质量没问题的情况下拒绝付款给种植户，则种植户有权将此合同作为法律凭证提出法律诉讼。3、买卖双方在交易完成后发生分歧和争执时，都可以将此合同作为法律凭证进行个人利益维护"} ，{"交易结果"："交易成功！"} ，{"区块高度"："12"，"钱包地址"："20211214153822000000000000044553426566265624425232545036355454335005546654446642363456666332"，"金额"："1000"} ，{"资金流向"："转出："，"区块高度"："17"，"钱包哈希"："20211216105424000000000000043553322545066444562232244046242444434565434646644532320443462 23"，"金额"："-100"} ，{"资金流向"："转入："，"区块高度"："18"，"钱包哈希"："202112161054240000000010000442533405622662544542253443462654605346256426445462422624636622 6"，"金额"："900"} ，{"资金流向"："转入："，"区块高度"："19"，"钱包哈希"："202112161054240000000020000444433255625664445062323442462424565345656366463462523244645622 4"，"金额"："100"}]

任务 8.2 通过智能合约解决纠纷

1. 登录平台

登录平台的步骤如下：

(1) 打开浏览器→输入"https://se.change-e.com"→按回车键，打开辰宜云知识平台，并登录进入首页，单击【区块链】图标。

(2) 进入【实施任务】列表，在【通过智能合约解决纠纷】右侧单击【开始任务】，进入区块链中文编程界面。

通过智能合约
解决纠纷

2. 登录区块链系统

※ 程序输入内容：

> 显示信息(登录系统("采购员18826000000"，"123456"))

※ 程序调试结果：

> [{ "登录系统"："区块链系统登录成功！" }]

3. 查询验真

对智能合约进行查询和验真。获取合约内容，通过合约内容追溯权责。

※ 程序输入内容：

> 显示信息(获取合约内容("20211214142322000000000000456235535264635242 04204652 44566265603405622262004264205442665654"))

※ 程序调试结果：

> [{ "合约内容"："履约方(\"甲方\")\n显示信息(\"1、若采购员收到药材后，发现其中部分药材的质量达不到企业的要求，无法使用，则采购员有权拒绝付款并将全部药材退回到种植户账号。2、若采购员收到药材且药材质量没问题的情况下拒绝付款给种植户，则种植户有权将此合同作为法律凭证提出法律诉

讼。3、买卖双方在交易完成后发生分歧和争执时，都可以将此合同作为法律凭证进行个人利益维护\")\n正确则执行 种植户药材价格=采购员应付价格\n显示信息(交易金额(\"甲方\"，\"乙方\"，数值转文字(采购员应付价格)，\"药材合同款\"))\n错误则执行\n显示信息(\"双方授权金额不一致，交易失败！\")\n条件结束\n" }]

获取合约预置条件，通过预置条件追溯权责。

※ 程序输入内容：

显示信息(获取合约预置条件("20211214142322000000000000045623553526463 52420 4204652445662656034056222620042642054426656654"))

※ 程序调试结果：

[{ "预置条件"： "甲方，数值变量 采购员应付价格；乙方，数值变量 种植户药材价格" }]

任务 8.3　通过智能合约和资金交易区块解决纠纷

1. 登录平台

登录平台的步骤如下：

(1) 打开浏览器→输入"https://se.change-e.com"→按回车键，打开辰宜云知识平台，并登录进入首页，单击【区块链】图标。

(2) 进入【实施任务】列表，在【通过智能合约和资金交易区块解决纠纷】右侧单击【开始任务】，进入区块链中文编程界面。

通过智能合约
和资金交易区
块解决纠纷

2. 登录区块链系统

※ 程序输入内容：

显示信息(登录系统("种植户18826000000"，"123456"))

※ **程序调试结果：**

> [{ "登录系统"："区块链系统登录成功！" }]

3.查询验真

1) 对智能合约进行查询和验真

获取合约内容，通过合约内容追溯权责。

※ **程序输入内容：**

> 显示信息(获取合约内容("2021121414232200000000000045623553526463524
> 20420465244566265603405622262004264205442665654"))

※ **程序调试结果：**

> [{ "合约内容"："履约方(\"甲方\")\n显示信息(\"1、若采购员收到药材后，发现其中部分药材的质量达不到企业的要求，无法使用，则采购员有权拒绝付款并将全部药材退回到种植户账号。2、若采购员收到药材且药材质量没问题的情况下拒绝付款给种植户，则种植户有权将此合同作为法律凭证提出法律诉讼。3、买卖双方在交易完成后发生分歧和争执时，都可以将此合同作为法律凭证进行个人利益维护\")\n正确则执行 种植户药材价格=采购员应付价格\n显示信息(交易金额(\"甲方\"，\"乙方\"，数值转文字(采购员应付价格)，\"药材合同款\"))\n错误则执行\n显示信息(\"双方授权金额不一致，交易失败！\")\n条件结束\n" }]

获取合约预置条件，通过预置条件追溯权责。

※ **程序输入内容：**

> 显示信息(获取合约预置条件("2021121414232200000000000456235535264635 2 42042046524456626560340562226200426 4205442665654"))

※ **程序调试结果：**

> [{ "预置条件"："甲方，数值变量 采购员应付价格；乙方，数值变量 种植户药材价格" }]

2) 查看资金交易区块流水

通过交易区块可以明确双方的交易行为，从而准确追溯权责。

※ 程序输入内容：

> 显示信息(读取全部钱包())

※ 程序调试结果：

["读取全部钱包"："种植户18826000000"}，｛"区块高度"："11155"，"钱包地址"："2021121414293300000002000045223340566266454666225345426302455234255625644546642322456662600"，"金额"："10"｝，｛"区块高度"："11157"，"钱包地址"："20211214142956000000010000434633365503663046232265465662564366344456556446450623034423623500"，"金额"："990"｝，｛"总金额"："1000"｝]

任务 8.4　编写智能合约

1. 登录平台

登录平台的步骤如下：

(1) 打开浏览器→输入"https://se.change-e.com"→按回车，打开辰宜云知识平台，并登录进入首页，单击【区块链】图标。

(2) 进入【实施任务】列表，在【编写智能合约】右侧单击【开始任务】，进入区块链中文编程界面。

编写智能合约

2. 编写智能合约

1) 编写并定义智能合约的名称

※ 程序输入内容：

> 智能合约名称("数据上链合同")

2) 编写并定义智能合约的前置条件

※ 程序输入内容：

> 智能合约名称("数据上链合同")
> 合约执行次数(1)
> 用户授权("甲方"，"文字变量 学历")

3) 编写智能合约内容

※ 程序输入内容：

智能合约名称("数据上链合同")

合约执行次数(1)

用户授权("甲方"，"文字变量 学历")

合约内容

履约方("甲方")

准备数据(学历)

显示信息(数据上链())

合约结束

4) 智能合约上链

※ 程序输入内容：

智能合约名称("数据上链合同")

合约执行次数(1)

用户授权("甲方"，"文字变量 学历")

合约内容

履约方("甲方")

准备数据(学历)

显示信息(数据上链())

合约结束

显示信息(合约上链())

※ 程序调试结果：

[{ "合约上链"："合约上链成功！"，"哈希值"："20211214150201000000000000045433462600064264642222645605644422636545502622044626440502656623"，"区块高度"："11205"，"业务名称"："cy_chain" }]

5) 整份合约的再次梳理和理解

※ 程序输入内容：

智能合约名称("数据上链合同")

合约执行次数(1)

用户授权("甲方"，"文字变量 学历")

合约内容

履约方("甲方")

准备数据(学历)

显示信息(数据上链())

合约结束

显示信息(合约上链())

3. 授权智能合约

※ 程序输入内容：

显示信息(合约授权("20211214150201000000000000045433462600064264642222645605644422636545502622044626440502 65623"，"学历 ='硕士' "))

※ 程序调试结果：

[{"合约授权"："授权合约成功！"} , {"系统返回_0"："执行合约成功！"} , {"数据上链"："数据上链成功！"，"哈希值"："202112141522310000000000000434533555 50566654626224346656252440534265665645450523 4244226245"，"区块高度"："11206"，"业务名称"："cy_chain"，"数据"：" '硕士' "}]

1. 使用区块中文编程实现一笔简单的资产交易。
2. 编写一份能执行三次的智能合约。

第9单元　人工智能

中国朝机器人制造应用大国迈进

　　我国机器人制造应用正在向世界强国迈进。在人工智能领域，目前我国的语音识别、视觉识别技术世界领先；自适应自主学习、直觉感知、综合推理、混合智能、群体智能等初步具备跨越发展的能力；中文信息处理、智能监控、生物特征识别、工业机器人、服务机器人、无人驾驶逐步进入实际应用。加速积累的技术能力与海量的数据资源、巨大的应用需求、开放的市场环境形成了我国人工智能发展的独特优势。 与此同时，我国人工智能整体发展水平与发达国家相比仍存在差距，缺少重大原创成果，在基础理论、核心算法以及关键设备、高端芯片、重大产品与系统、基础材料、元器件、软件与接口等方面还存在较大差距。请观看视频"中国朝机器人制造应用大国迈进"。

中国朝机器人
制造应用大国
迈进

任务情境

　　新型智慧城市是新一代信息通信技术，它与城市战略、规划、建设、运行和服务全面深度融合，智慧社区是其中的一个重要组成部分。

　　本地某小区目前采用刷卡的方式出入小区。首先很多业主经常忘记带卡，造成出入登记很不方便；其次对很多人来说带卡也比较麻烦，为了出入小区要在身上常备一张卡片；最后还会出现有非本小区人员从各种途径得到门禁卡，从而任意出入小区的情况，这给小区管理和居民安全带来隐患。

任务分析

现代人的生活里充斥着各种卡片，带卡麻烦、忘记带卡、卡片补办费时又繁琐等问题给生活造成了很大不便。生活无卡化，同时又能兼顾便利性和安全性无疑是非常有吸引力的。针对此小区以上情况，在本小区引入人脸识别系统，相比刷卡等方式，可更加方便快捷地为居民出入保驾护航。同时也能在夜晚、昏暗的环境准确进行人脸识别从而尽可能降低小区安全事故发生的频率，提高住户生活体验，推进小区服务科技化，打造全新的物业管理模式，实现智能化管理，打造一个安全智能的智慧社区。

小区的人脸识别系统包括人脸特征采集、建立人脸特征库以及摄像头动态人脸识别几个核心环节。人脸识别可以精准地解决识别业主、出入授权、防止陌生人混入小区等问题。解决问题的同时兼顾了安全性和便利性。

相关知识点

1. 人工智能

人工智能简称 AI，即采用计算机的方式，集研究、开发于一身，模拟、拓展和延伸类似于人的智能的理论、方法和技术以及应用系统的一门科学。

人工智能的核心技术包括推理、知识表示、自动规划、机器学习、自然语言理解、计算机视觉、机器人学和强人工智能八个方面。知识表示和推理包括：命题演算和归结，谓词演算和归结，可以进行一些公式或定理的推导。自动规划包括机器人的计划、动作和学习，状态空间搜索，敌对搜索，规划等内容。机器学习这一研究领域是由 AI 的一个子目标发展而来，用来帮助机器和软件进行自我学习以解决遇到的问题。自然语言理解是另一个由 AI 的一个子目标发展而来的研究领域，用来帮助机器与真人之间进行沟通交流。计算机视觉是由 AI 的目标而兴起的一个领域，用来辨认和识别机器所能看到的物体。机器人学也是脱胎于 AI 的目标，用来给一个机器赋予实际的形态以完成实际的动作。强人工智能表示拥有知觉、自我意识和思维的机器，具有真正推理和解决问题的能力，包括与人的思维一样的类人人工智能和具有与人完全不一样思维方式的非类人人工智能。

2. 数字图像处理技术

数字图像处理 (Digital Image Processing) 又称为计算机图像处理，它是指将图像信号转换成数字信号并利用计算机对其进行处理的过程。图像处理中，输入的是质量低的图像，输出的是改善质量后的图像，经常使用的图像处理技术涉及以下几方面：

(1) 图像变换方法：通过傅里叶变换、沃尔什变换、离散余弦变换等间接处理技术，将空间域的处理转换为变换域处理，不仅可降低计算量，还可获得更有效的处理。

(2) 图像编码压缩技术：可降低描写叙述图像的数据量 (即比特数)，以便节省图像传输、处理时间和降低所占用的存储器容量。压缩能够在不失真的前提下获得，也能够在一定失真条件下进行。

(3) 图像增强和复原图技术：可提高图像的质量，去除噪声，提高图像的清晰度，使图像中物体轮廓清晰，细节明显，在一定程度上恢复或重建原来的图像。

(4) 图像切割技术：此技术是数字图像处理中的关键技术之一。图像切割是将图像中有意义的特征部分提取出来，其有意义的特征有图像中的边缘、区域等，这是进一步进行图像识别、分析和理解的基础。目前有边缘提取、区域切割等方法，但还没有一种普遍适用于各种图像的有效方法。

3. 人脸识别

人脸识别是一种基于人脸特征信息的生物识别技术。利用摄像头或摄像机采集包含人脸的图像或视频流，并自动检测和跟踪图像中的人脸，然后对检测到的人脸进行一系列相关的人脸识别技术，俗称面部识别、人脸识别 。一个简单的自动人脸识别系统包括以下四个方面的内容：

(1) 人脸检测 (Face Detection)：从各种不同的场景中检测出人脸的存在并确定其位置。

(2) 人脸的规范化 (Face Normalization)：校正人脸在尺度、光照、旋转等方面的变化。

(3) 人脸表征 (Face Representation)：采取某种方式表示人脸图像。

(4) 人脸识别 (Face Recognition)：将待识别的人脸与数据库中已知的人脸进行比较，得出相关信息。

人脸识别的核心技术流程如图 9.0.1 所示。

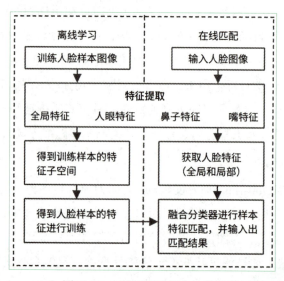

◆ 图9.0.1　人脸识别的核心技术流程

4. 低光识别技术

黑暗低光环境的识别技术，作为人脸识别的一个重要应用部分，可以在弱光、低光环境下通过算法提升可见度，捕捉更多信息，从而进一步分析人的面部特征，准确识别出"人"背后的身份信息。广东辰宜信息科技有限公司开发的"超级机器视觉系统"能够有效地完成这个工作，能在黑暗、暴雨等光线较差的环境下准确识别人脸，被广泛应用于安保、技侦、信息识别等领域。

 任务实施

任务 9.1　建立人脸特征库

1. 登录并进入小程序

1) 登录辰宜云知识平台

打开浏览器→输入"https://se.change-e.com"→按回车键，打开辰宜云知识平台，单击【人工智能】图标，如图 9.1.1 所示。

建立人脸
特征库

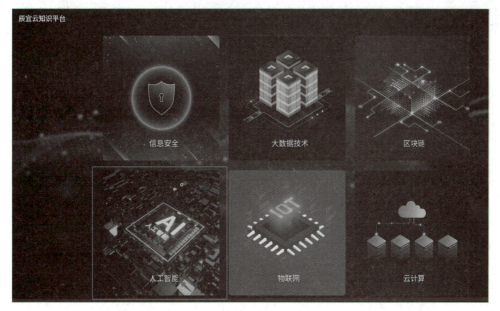

◆ 图9.1.1　选择【人工智能】

2) 选择图像识别任务

单击【人工智能】图标→在【图像识别】右侧单击【开始任务】按钮。

3) 通过扫一扫进入小程序

使用微信"扫一扫"功能,扫描二维码进入"辰宜云知识平台"小程序,如图 9.1.2 所示。

◆ 图9.1.2 扫描二维码进入"辰宜云知识平台"小程序

2. 完善个人资料

1) 进入【我的】模块

允许微信获取个人信息→进入到小程序→单击底部导航栏中的【我的】模块,如图 9.1.3 所示。

2) 提交个人资料

以学生刘翔个人资料的提交为例,单击【头像】图标,开启采集功能,将摄像头对准自己面部,按照提示完成脸部信息的采集,通过程序识别面部特征,采集完毕后,提示脸部信息采集成功。接下来如图 9.1.4 中的步骤 2 所示,根据录入框提示录入个人的名字,如图 9.1.4 中的步骤 3 所示,根据录入框提示录入个人的学号。最后单击【提交】按钮,刘翔的个人资料将保存至教学云端。

◆ 图9.1.3 进入小程序个人中心

◆ 图9.1.4 提交个人资料

任务 9.2　人脸识别

任务 9.2　人脸识别

1. 识别自己的面部

1) 进入识别功能

单击小程序主页底部导航栏中的【人脸识别】模块→单击【人脸识别】模块生成页面中的【摄像框】，在弹出的菜单中选择【拍摄】，即可打开摄像头，如图 9.2.1 所示。

人脸识别

◆ 图9.2.1　打开摄像头

2) 识别自己的信息

将摄像头对准自己脸部并保持姿势不动，系统开始对当前脸部信息进行识别。脸部识别成功后，上个任务中编辑的个人资料将会被显示。

在对他人面部进行识别时，要先确保该人的个人信息和脸部信息被采集，否则系统将识别不出该人的信息。

2. 识别他人的信息

1) 进入识别功能

单击小程序主页底部导航栏中的【人脸识别】模块→单击【人脸识别】模块生成页面中的【摄像框】，在弹出的菜单中选择【拍摄】，即可打开摄像头。

2) 脸部信息识别

在人脸采集页面，将摄像头对准任意同学并保持姿势不动，系统开始对当前脸部信息进行识别，如图 9.2.2 所示。

◆ 图9.2.2　进行人脸识别

3) 查看识别结果

系统在对当前脸部信息进行识别时，如果在特征库中存在人脸特征的匹配信息，则此时可看到该同学的各项信息，如图 9.2.3 所示。如果未发现匹配特征，则不会有相关信息显示。

◆ 图9.2.3　查看信息

任务 9.3　黑暗之眼功能设置

1. 视觉增强

1) 登录辰宜云知识平台

打开浏览器→输入"https://se.change-e.com"→按回车键，打开辰宜云知识平台，单击【人工智能】图标，如图 9.3.1 所示。

◆ 图9.3.1　选择【人工智能】

2) 选择黑暗之眼任务

单击【人工智能】图标→在【黑暗之眼】右侧单击【开始任务】按钮。

3) 导入图片

单击【上传】按钮，如图 9.3.2 所示。

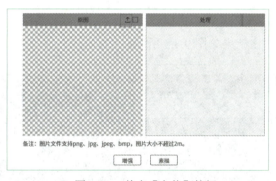

黑暗之眼
功能设置

◆ 图9.3.2　单击【上传】按钮

在本地文件夹中选中路牌的照片，单击【确定】按钮，将选中的图片导入【黑暗之眼】实验室中，如图 9.3.3 所示。

◆ 图9.3.3　选择图片进行导入

4) 视觉增强

图片导入完毕后，单击下方的【增强】按钮，对图片进行视觉增强，如图 9.3.4 所示。

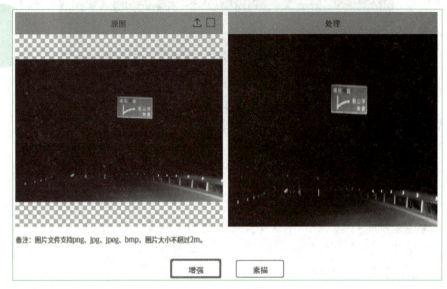

◆ 图9.3.4　单击【增强】按钮对图片进行处理

视觉增强前后的对比结果如图 9.3.5 所示。

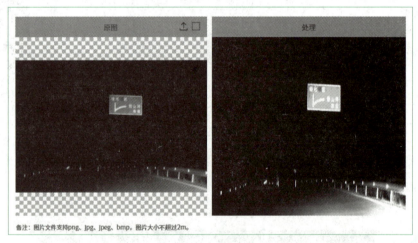

◆ 图9.3.5　图片增强前后的对比结果

2. 图像局部增强

为了帮助救援队伍准确判断路牌的内容，可对照片中的路牌进行局部增强处理分析，其中"图像局部增强"的实现过程如下：

单击【截图】按钮，如图 9.3.6 中的步骤 1 所示，拖拉勾选出需要增强的局部区域，如需要对张明拍摄的路牌进行局部增强，则拖拉勾选出路牌，如图 9.3.6 中的步骤 2 所示，单击【增强】按钮，如图 9.3.6 中的步骤 3 所示，对图像进行局部的视觉增强。

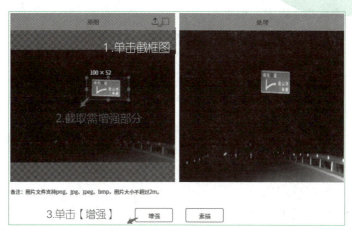

◆ 图9.3.6　对图像进行局部视觉增强处理

3. 图片黑白化处理

目前的彩色图像都采用 RGB 颜色模式，处理图像的时候，要分别对 RGB 三种分量进行处理，实际上 RGB 并不能反映图像的形态特征，图片黑白化处理即将彩色图像处理成 RGB 色彩分量全部相等的黑白图像，图片黑白化处理可以作为图像处理的预处理步骤，为之后的图像分割、图像识别、图像分析等上层操作做准备。"图片黑白化处理"的实现过程如下：

单击【上传】按钮，在本地文件夹中选中一张照片，单击【确定】按钮，将选中的图片导入【黑暗之眼】实验室中，单击【素描】按钮，对图片黑白化处理，如图 9.3.7 所示，图片黑白化处理后的效果如图 9.3.7 中的"处理"所示。

◆ 图9.3.7　单击【素描】按钮对图片进行处理

提示 1：单击【上传】按钮时，系统默认三种场景，目前无法从电脑的本地上传任一一张照片导入【黑暗之眼】实验室中。

提示 2：图像局部增强的效果并不十分显著。

任务 9.4　　人脸对比

1. 登录辰宜云知识平台

打开浏览器→输入"https://se.change-e.com"→按回车键，打开辰宜云知识平台，单击【人工智能】图标，如图 9.4.1 所示。

人脸对比

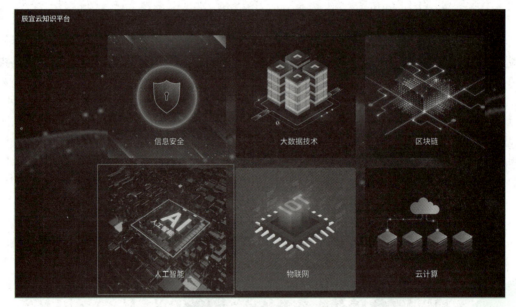

◆ 图9.4.1　选择【人工智能】

2. 选择人脸对比任务

单击【人工智能】图标→在【人脸对比】右侧单击【开始任务】按钮。

3. 导入原始照片

单击左侧的【+】按钮，如图 9.4.2 所示，在本地文件夹中选择一张原始照片进行导入。

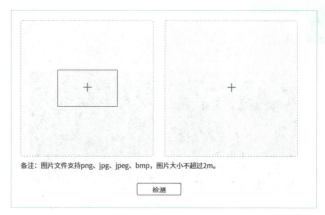

◆ 图9.4.2　单击【+】选择图片

如在本地文件夹中选择一张树袋熊的照片作为原始照片，将所述原始照片导入【人脸对比】实验室中，如图 9.4.3 所示。

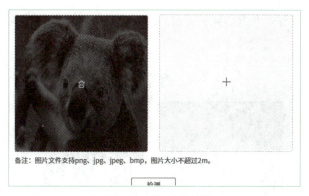

◆ 图9.4.3　导入原始照片

4. 导入对比照片

单击右侧的【+】按钮，如图 9.4.4 所示，在本地文件夹中选择另一张照片进行导入。

◆ 图9.4.4　单击【+】选择图片

如在本地文件夹中选择一张企鹅的照片作为对比,将所述对比照片导入【人脸对比】实验室中, 如图 9.4.5 所示。

◆ 图9.4.5 导入对比照片

5. 人像对比

单击【检测】按钮, 如图 9.4.6 所示, 通过人像检测可以查看原始照片与对比照片的相似度比对结果。

◆ 图9.4.6 进行检测对比

由图 9.4.6 可知, 将树袋熊与企鹅进行人像对比, 对比的相似度为 0%, 该结果与实际相符。

习 题 作 业

1. 使用小程序识别班上两位同学的脸, 并得出识别结果。

2. 使用材料文件夹里的素材文件进行人脸对比。

第10单元　物联网

我国物联网高速发展

　　物物相连，数百亿设备智能连接，数万亿经济价值瞬息创建，作为引领国家经济华丽转身的重要力量，我国物联网的发展全面提速，政策环境不断完善，产业体系初步建成，应用示范加快推广，各行业领域都在借力物联网完成华丽转型。

物联新世界

　　目前我国物联网行业规模已达万亿元。中国物联网行业规模超预期增长，网络建设和应用推广成效突出。在网络强国、新基建等国家战略的推动下，我国加快推动IPv6、5G等网络建设，消费物联网和产业物联网逐步开始规模化应用，5G、车联网等领域发展取得突破。请观看视频"物联新世界"。

任务情境

　　随着新一代信息技术向房地产行业不断渗透融合，住宅也逐渐智能化，千家万户都已住上智能住宅。最近张明也被智能化家居深深吸引，想要跟上时代潮流，打算请设计师将自己新购的房屋装修成流行的智能家居风格，从进家门开始，就全程享受物联网科技带来的现代化服务。但是张明对这些智能化的高科技产品具体的便利之处还是不够熟悉，且不会正确使用，因此，为了将房子装修得更好，且使用起来更加方便娴熟，张明准备在正式装修之前，到智能家居体验馆先体验一番。

任务分析

科技在给生活带来便利的同时，也需要人们不断地学习新知识以适应新的生活方式。比如智能家居，虽然能给生活带来很大的便捷性，但其对家庭的改造成本、真实的便捷度等到底如何？这些都无法单纯地通过广告词来充分让客户感知到。但如果有一种方法，既能让客户看到智能家居的产品形态，还能让客户真实使用体验，这样就能很好地打消客户的顾虑，带动销售，从而推动整个智能家居行业的发展。

辰宜公司创建了一个线上"智能家居体验馆"，通过辰宜云创建了一个虚拟的房屋空间，空间内现代化的家居设施一应俱全，同时开发了一款用来远程操作家居的小程序"辰宜云知识平台"。张明通过微信扫一扫二维码便可进入"辰宜云知识平台"小程序。初次进入小程序需要创建家庭和添加家居设备，家庭和设备创建成功后，张明通过"辰宜云知识平台"小程序对家电和家居设备发出控制指令，比如开关灯、启动或关闭扫地机器人、开关电视等。

相关知识点

1. 物联网的概念

物联网 (Internet of Things，IoT) 就是"万物相联的互联网"，是在互联网基础上延伸和扩展的网络，是将各种信息传感设备与网络连接起来而形成的一个巨大网络，能够在任何时间、任何地点实现人、机、物的互联互通。

物联网的概念最早被提及于比尔盖茨 1995 年出版的《未来之路》著作中，当时受限于无线网络、硬件及传感设备的发展，并未引起世人的重视。1999 年，美国麻省理工学院的 Auto-ID 中心第一次提出了"物联网"一词，当时物联网的概念主要指依托射频识别 (RFID) 技术的物流网络。2005 年，国际电信联盟发布了《ITU 互联网报告 2005：物联网》，正式提出了物联网的定义和范围，分析了市场前景和影响

◆ 图10.0.1　ITU互联网报告2005：物联网

市场发展的因素，思考了阻止物联网发展和推广的主要因素，并讨论了物联网在发展中国家和发达国家的不同战略需求，展望了物联网的美好前景与未来人类社会物联的新生

态系统，如图 10.0.1 所示。

2009 年，IBM 提出"智慧地球"的概念，"物联网"的概念在全球迅速被认可。同年 8 月，我国时任总理温家宝提出"感知中国"战略构想，表示中国要抓住机遇，加快发展中国物联网技术与产业，全国掀起了物联网应用与研究的热潮。2016 年，在多种协议共存的物联网应用取得了较大历史发展的背景下，"发展物联网开环应用"纳入了国家"十三五"规划。同年，主流的标准 NB-IoT 冻结，这标志着 NB-IoT 可以大规模推广使用。2017 年 6 月，工业和信息化部发布了《关于全面推进移动物联网 (NB-IoT) 建设发展的通知》，指出建设广覆盖、大连接、低功耗移动物联网 (NB-IoT) 基础设施，发展基于 (NB-IoT) 技术的应用，推进网络强国、制造强国，促进大众创业、万众创新。同年，国务院发布了《关于深化"互联网＋先进制造业"发展工业互联网的指导意见》，明确指出以先导性应用为引导，组织开展创新型示范应用，逐渐探索工业物联网的实施路径和应用模式。2018 年，中国又印发了《工业互联网发展行动计划 (2018—2020 年)》，突显了国家对互联网发展的重视程度以及物联网发展的迫切性。

2. 物联网的体系结构

物联网是由物主动发起传送，物物相联或物与人相关联的互联网结构。物联网的基本特征主要包括整体感知、可靠传输和智能处理，其基本特征的概述如表 10.0.1 所示。

表10.0.1　物联网的基本特征表

基本特征	概　述
整体感知	可以利用射频识别技术、二维码、智能传感器等感知设备感知获取物体的各类信息
可靠传输	通过对互联网、无线网络的融合，将物联网信息实时、准确地传送，以便信息交流、分享
智能处理	使用各种智能技术，对感知和传送到的数据、信息进行分析处理，实现监测与控制的智能化

物联网在互联网、移动通信网等网络通信的基础上，针对不同领域的需求，利用具有感知、通信和计算功能的智能物体自动获取现实世界的信息，并将这些对象互联，从而实现全面感知、可靠传输、智能处理功能，构建人与物、物与物互联的智能信息服务系统。

物联网体系结构主要由感知层、网络层和应用层三个层次组成，如图 10.0.2 所示。

◆ 图10.0.2　物联网体系结构

感知层设备主要包括自动感知设备和人工生成信息设备，其中自动感知设备能够自动感知外部物理信息，包括 RFID、传感器、智能家电等，人工生成信息设备包括智能手机、个人数字助理 (PDA)、计算机等。

网络层又称为传输层，包括接入层、汇聚层、核心交换层和平台层。接入层相当于计算机网络的物理层和数据链路层，RFID 标签、传感器与接入层设备构成了物联网感知网络的基本单元。接入层网络技术分为无线接入和有线接入。无线接入有无线局域网、移动通信中 M2M 通信；有线接入有现场总线、电力线接入、电视电缆和电话线。汇聚层位于接入层和核心交换层之间，进行数据分组汇聚、转发和交换，以及本地路由、过滤、流量均衡等。汇聚层技术也分为无线和有线，无线包括无线局域网、无线城域网、移动通信 M2M 通信、专用无线通信等，有线包括局域网、现场总线等。核心交换层为物联网提供高速、安全和具有服务质量保障能力的数据传输，可以为 IP 网、非 IP 网、虚拟专网或者它们之间的组合。平台层的平台管理主要解决数据存储、检索、使用以及数据安全隐私保护等问题，如云平台，主要包括提供硬件设施的云资源 (IaaS)、提供基础数

据服务的云平台 (PaaS) 和提供应用服务的云应用 (SaaS)。

应用层指将物体在物联网云平台上传输的信息进行处理后，挖掘出宝贵的信息，并将其应用到智慧物流、智慧医疗、食品安全等实际生活和生产中。

3. 物联网的关键技术

物联网的关键技术包括射频识别技术、蓝牙、二维码等技术。

射频识别 (Radio Frequency Identification，RFID) 是一种非接触式的自动识别技术，其基本原理是利用射频信号及其空间耦合 (电感或电磁耦合) 的传输特性，实现对静止或移动物品的自动识别。射频识别常称为感应式电子芯片或近接卡、感应卡、非接触卡、电子标签、电子条码等，如图 10.0.3 为 RFID 读写器一体机。

◆ 图10.0.3　RFID读写器一体机

蓝牙 (Bluetooth) 是一种无线数据和语音通信开放的全球规范，它是基于低成本的近距离无线连接，为固定和移动设备建立通信环境的一种特殊的近距离无线技术连接。蓝牙使当前的一些便携移动设备和计算机设备在不需要电缆的条件下就能连接到互联网，并且可以无线接入互联网，如图 10.0.4 为蓝牙耳机。

◆ 图10.0.4　蓝牙耳机

二维码又称为二维条码，常见的二维码为 QR Code，是用某种特定的几何图形按一定规律在平面上 (二维方向上) 分布的、黑白相间的、记录数据符号信息的图形。

4.物联网的应用和发展

目前,物联网的应用已经涉及生活的方方面面,如家居、物流、交通、环境、农业、工业等各领域,有效改善了人民的生产、生活水平,如图 10.0.5 所示。

◆ 图10.0.5 物联网的广泛应用

物联网的发展已经超过十年了,近几年物联网在各个领域的需求更加旺盛,应用场景更加丰富。根据 GSMA 发布的 *The mobile economy 2020* 报告显示,2019 年全球物联网总连接数达 120 亿,预计到 2025 年,全球物联网数达 246 亿,其中智能家居和智能建筑增长最多,分别为 20 亿和 33 亿。

智能家居是以住宅为平台,利用综合布线技术、网络通信技术、安全防范技术、自动控制技术和音视频技术将家居生活有关的设施集成,构建高效的住宅设施与家庭日常事务的管理系统,能够提升家居安全性、便利性、舒适性和艺术性,并提升居住环境的环保节能性。物联网应用于智能家居领域，能够对家居类产品的位置、状态和变化进行监测，分析其变化特征，并根据具体需要进行反馈。智能家居行业发展主要分为单品连接、物物联动和平台集成三个阶段，发展的方向首先是连接智能家居单品，随后走向不同单品之间的联动，最后向智能家居系统平台发展。当前，各个智能家居类企业正处于从单品向物物联动的过渡阶段。

智慧物流是指通过智能软硬件、物联网、大数据等智慧化技术手段，实现物流各环节精细化、动态化及可视化管理，提高物流系统智能化分析决策和自动化操作执行能力，提升物流运作效率的现代化物流模式。在仓储、运输检测、快递终端等环节通过物联网技术实现对货物与运输车辆的检测，包括货物车辆的位置、状态及货物的温湿度等。

智慧农业就是将物联网技术运用到传统农业中去，运用传感器和软件通过移动平台或者电脑平台对农业生产进行控制，使传统农业更具有"智慧"。除了精准感知、控制与决策管理外，从广泛意义上讲，智慧农业还包括农业电子商务、食品溯源防伪、农业休闲旅游、农业信息服务等方面的内容。

物联网已经渗透到生活的各个角落，不仅局限于以上介绍的领域，在其他领域中也起着重要的作用和责任。物联网赋能不同行业的转型升级，由于不同应用场景和需求碎片化导致物联网碎片化问题严峻，包括物联网平台多样、连接协议多样、硬件和芯片各异等，而碎片化是解决"数字化"的最大问题，可以从以下两方面分析解决碎片化问题：

(1) 物联网操作系统有利于屏蔽各种不同硬件；

(2) 协议标准有利于互联互通问题的解决。

任务实施

任务 10.1　创建家庭和智能设备

1. 登录平台及小程序

登录平台及小程序的步骤如下：

(1) 打开浏览器→输入 "https://se.change-e.com" →按回车键，登录辰宜云知识平台，单击【物联网】图标，如图 10.1.1 所示。

创建家庭和
智能设备

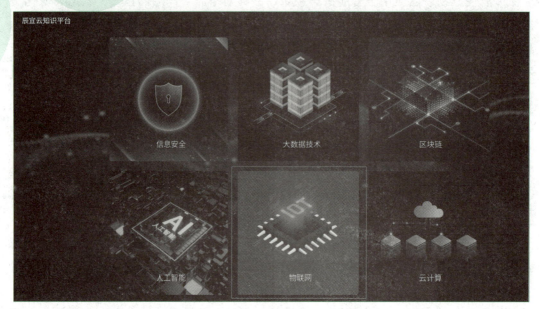

◆ 图10.1.1　登录平台物联网模块

(2) 打开任务模块。单击【物联网】图标→在"创建家庭和智能设备"右侧单击【开始任务】进入任务界面。

(3) 使用微信"扫一扫"功能扫描右侧二维码，进入"辰宜云知识平台"小程序，如图 10.1.2 所示。

扫一扫，进入"辰宜云知识平台"小程序

◆ 图10.1.2　　"辰宜云知识平台"小程序二维码

2. 创建家庭

对家庭进行配置。初次进入小程序需要配置家庭基本信息，包括家庭名称和密码，在【请输入家庭名称】编辑框中输入家庭名称，在【设置家庭密码】编辑框中输入密码，设置好之后单击下面的【创建家庭】按钮创建你的"家庭"，如图 10.1.3 所示，随后进入家庭主页面。

◆ 图10.1.3　创建"智能家庭"界面

3. 为"家庭"添加家居

1) 添加家居设备

进入家庭主页中,单击右上角的【+】,在弹出来的选项框中选择【添加设备】选项,进入设备列表界面,选中其中的智能设备并单击,如图 10.1.4 所示。这里选中的是【扫地机器人】设备,然后单击下方的【确定】按钮。

◆ 图10.1.4　单击【+】添加可智能控制的设备

将吊灯、路由器、电视、音箱等设备依次加入到"家庭"中，添加成功之后如图 10.1.5 所示。

◆ 图10.1.5　设备成功添加后的界面

2) 通过 PC 端查看"家庭"添加的设备

设备添加成功后，除了可以在小程序家庭首页查看所有设备，同时也可以在 PC 端看到"家庭"中所有被添加进来的设备的展示模型，如图 10.1.6 所示。注意：不要关闭 PC 端该页面，任务 10.2 中需要使用。

◆ 图10.1.6　PC端查看设备

任务 10.2　控制我的智能家居

1. 控制吊灯

控制我的
智能家居

1) 打开吊灯控制页面

在小程序家庭首页的设备列表中单击【吊灯】设备，进入吊灯的控制页面，如图 10.2.1 所示。

2) 小程序操控吊灯

在吊灯的控制页面中可以通过下方的开关按钮对吊灯的开关进行控制，通过下方的亮度调节进度条，对亮度进行调节操控，如图 10.2.2 所示。

◆ 图10.2.1　设备列表页面

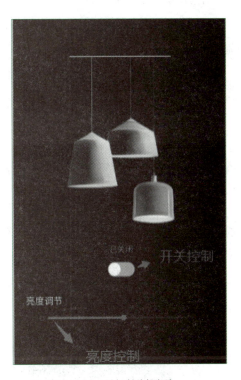

◆ 图10.2.2　吊灯控制页面

小程序中对吊灯进行操控后，在 PC 端能实时看到吊灯的状态变化，如图 10.2.3 所示。

◆ 图10.2.3 　在PC端实时查看吊灯状态

2. 控制电视

1) 打开电视控制页面

在小程序家庭首页的设备列表中单击【电视】设备，进入电视的控制页面，如图10.2.4 所示。

2) 小程序操控电视

在电视的控制页面中可以通过下方的开关按钮对电视的开关进行调节操控，如图10.2.5 所示。

◆ 图10.2.4 　操控电视　　　　◆ 图10.2.5 　控制电视的小程序界面

小程序中对电视进行操控后，在 PC 端能实时看到电视的状态变化，如图 10.2.6 所示。

◆ 图10.2.6　在PC端实时查看电视状态

3. 控制音箱

1) 打开音箱控制页面

在小程序家庭首页的设备列表中单击【音箱】，进入音箱的控制页面，如图 10.2.7 所示。

2) 小程序操控音箱

在音箱的控制页面中可以通过下方的开关按钮对音箱的开关进行调节操控，如图 10.2.8 所示。

◆ 图10.2.7　设备列表页面　　　◆ 图10.2.8　音箱控制页面

小程序中对音箱进行操控后，在 PC 端能实时看到音箱的状态变化，如图 10.2.9 所示。

◆ 图10.2.9　在PC端实时查看音响状态

4. 控制扫地机器人

1) 打开扫地机器人控制页面

在小程序家庭首页的设备列表中单击【扫地机器人】设备，进入扫地机器人的控制页面，如图 10.2.10 所示。

2) 小程序操控扫地机器人

在扫地机器人的控制页面中可以通过下方的开关按钮对扫地机器人的开关进行调节操控，如图 10.2.11 所示。

◆ 图10.2.10　设备列表页面

◆ 图10.2.11　扫地机器人控制页面

小程序中对扫地机器人进行操控后，在 PC 端能实时看到扫地机器人在房间自动扫地的状态变化,如图 10.2.12 所示。

◆ 图10.2.12 在PC端实时查看扫地机器人状态

任务 10.3 分享家庭和智能家居

1. 获取家庭共享二维码

1) 家庭二维码获取

家庭主人通过单击家庭主页右上角的【+】,再单击弹出来的【分享】选项,即可获取家庭二维码,如图 10.3.1 所示。

分享家庭和
智能家居

◆ 图10.3.1 家庭共享二维码

2) 获得家庭设备控制权限

家庭成员通过单击【+】→选中【扫一扫】，扫描图 10.3.1 中所示的家庭共享二维码，在弹出来的密码验证框中输入正确的家庭密码后，即可加入该家庭，并获得家庭智能设备的控制权限，如图 10.3.2 和图 10.3.3 所示。

◆ 图10.3.2　加入家庭　　　　　　　　◆ 图10.3.3　成功加入家庭

2. 控制家居设备

与任务 10.2 中控制各家居设备的操作方法一致，对各个家居设备进行智能控制，并在 PC 端查看设备状态变化，如图 10.3.4 所示。

◆ 图10.3.4　单击设备进行远程控制

3. 家庭管理

家庭主人可以对家庭的名称、密码、设备和成员进行管理，家庭成员无此权限。

1) 进入【家庭管理】界面

家庭主人单击家庭主页左上角的家庭名字【小红的家】，在弹出来的下拉框中选中【家庭管理】选项，单击之后进入【家庭管理】界面，如图 10.3.5 所示。

◆ 图10.3.5　　【家庭管理】界面

2) 家庭名称管理

家庭主人可以在【家庭管理】界面中单击【家庭名称】选项，填入新的家庭名字，即可修改家庭名称。

3) 密码管理

家庭主人可以在【家庭管理】界面中单击【密码管理】选项，输入密码对家庭的密码进行修改和保存，如图 10.3.6 所示。

◆ 图10.3.6　　【密码管理】界面

4) 设备管理

家庭主人可以在【家庭管理】界面中单击【设备管理】选项，通过设备右侧的【删除】图标对家庭的设备进行删除，通过下方的【+】号对家庭设备进行添加操作，如图10.3.7所示。

◆ 图10.3.7　【设备管理】界面

5) 成员管理

家庭主人可以在【家庭管理】界面中单击【成员管理】选项进入成员列表，通过成员右侧的【删除】图标对家庭的成员或访客进行删除操作，如图10.3.8所示。

◆ 图10.3.8　家庭【成员管理】界面

1. 控制其他同学的智能设备，要求开灯 (亮度适中)，打开电视，关闭音响和开启扫地机器人。

2. 分享我的家给两位不同的同学，并让这两位同学同时控制我的家的智能设备。

第11单元 云计算

 **课程思政**

云计算成为我国数字经济发展的重要支撑

当前，在我国政策支持和企业战略布局的推动下，经过社会各界共同努力，云计算已经成为我国数字经济发展的重要引擎。

根据《中国云计算产业发展白皮书》，我国云计算市场不断发展成熟，尤其是随着越来越多的企业加快上云的步伐，在云计算加速落地的市场需求的推动下，我国云计算发展正在步入从"单点突破"到"整体效能提升"的新阶段。

云计算成为我国数字经济发展的重要支撑

大数据及人工智能等新兴技术的发展均离不开云计算的支持，在校大学生可凭借自身专业技能为国家重大发展战略提供技术服务。请观看视频"云计算成为我国数字经济发展的重要支撑"。

任务情境

公司近期进来一批新员工，为了方便新员工对公司规章制度、通信信息等内容的快速学习，公司秘书小王需要将公司的所有资料发放给员工，以往的学习资料发放过程有两种，第一种是印刷纸质资料，第二种是把资料通过网络渠道发到各员工手上。但因公司业务发展很快，培训资料更新频繁，所以这两种方式都存在更新成本过高、无法及时更新、资料保密性差的问题。

任务分析

通过以上情况可以看出公司面临两个问题，一是要保障资料的及时更新，二是要保障资料的安全不外泄。"云手机"可以把资料进行云化处理，是一种理想的解决方案。云手机就是在云端的一台手机，利用云服务技术，员工可以通过电脑使用云端手机。

资料的及时性：小王把公司培训资料、规章制度、通讯录等信息都上传到了公司云平台，当不同新员工需要学习不同内容时，就可以从云手机进行下载和观看了。

资料的保密性：当员工需要与某客户联系时，可以通过云手机获取客户通信信息进行联系，这样既保障了资料的时效性，也保证了公司信息的保密性。

在辰宜科技的云计算平台上，通过该平台提供的手机云服务定制云手机，云手机具有数据存储、交互、基础通信等功能。新员工入职培训时通过云平台使用云手机，进行入职培训，也可通过云手机相册上传相关的图片，进行短信沟通等，还可以进行云盘资料共享。

相关知识点

1. 云计算概述

云计算 (Cloud Computing) 是分布式计算的一种，它是基于互联网动态可扩展的网络应用基础设备，让用户按照使用需求进行付费购买相关服务的一种新型模式。云计算的核心是将很多的计算机资源协调在一起，因此，云计算具有很强的扩展性，可以为用户提供一种全新的体验。在云计算模式下，云计算提供了用户看不到、摸不到的硬件设施 (服务器、内存、硬盘) 和各种应用软件等资源。用户只需要接入互联网，付费购买自己所需要的资源，然后通过浏览器给"云"发送指令和接收数据，便可以使用云服务提供商的计算资源、存储空间、各种应用软件等资源，来完成自己的需求。云计算的最终目标是将计算、服务和应用作为一种公共设施提供给人们，使人们能够像使用水、电、煤气和电话那样使用计算机资源。在云计算模式下，用户的使用观念也从"购买产品"转变成了"购买服务"，这样也促进了云服务的商业模式发展。云计算是继互联网、计算机后，信息时代的又一次新的革新，是信息时代的一个大飞跃。

2. 云计算的发展及应用

1959 年，克里斯托弗·斯特雷奇首次提出了虚拟化的概念，随后虚拟化技术不断发展，在 1999 年 Marc Andreessen 创建了第一个商业化 IaaS 平台，即 Loud Cloud。2006 年8 月，Google CEO 埃里克首次提出"云计算"的概念。到 2020 年，经过十四年的发展，云计算已经从一个概念成长为庞大的产业。其规模增长迅速，应用领域也在不断地扩展，在政府、民生、金融、交通、医疗、教育等众多行业发挥着越来越重要的作用，其发展主线如图 11.0.1 所示。

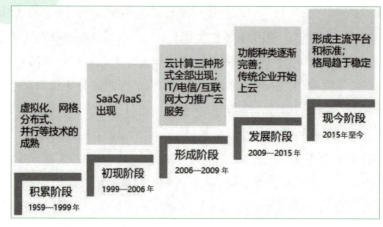

◆ 图11.0.1　云计算技术发展概要

目前，云计算提供的主要服务形式有 SaaS(Software as a Service)、PaaS(Platform as a Service) 和 IaaS(Infrastructure as a Service)。其中，SaaS 是指软件即服务，也就是通过网络提供软件服务，是我们最常接触的一种模式，一般通过网页浏览器接入服务；PaaS 是指平台即服务，它是 SaaS 模式的一种扩展应用，主要应用于软件开发领域；IaaS 是指基础设施服务，主要用于提供场外服务器，即将虚拟机或者其他资源作为服务提供给用户。

1) 软件即服务——SaaS

SaaS 服务提供商将应用软件统一部署在自己的服务器上，用户根据需求通过互联网向厂商订购应用软件服务，服务提供商根据客户所定软件的数量、时间的长短等因素收费，并且通过浏览器向客户提供软件的模式。这种服务模式的优势是，由服务提供商维护和管理软件、提供软件运行的硬件设施，用户只需拥有能够接入互联网的终端，即可随时随地使用软件。这种模式下，客户不再像传统模式那样花费大量资金在硬件、软件、维护人员上，用户只需要支出一定的租赁服务费用，通过互联网就可以享受到相应的硬件、软件和维护服务，这是网络应用最具效益的营运模式。对于小型企业来说，SaaS 是采用先进技术的最好途径。

2) 平台即服务——PaaS

PaaS 把开发环境作为一种服务来提供。这是一种分布式平台服务，厂商提供开发环境、服务器平台、硬件资源等服务给客户，用户在其平台基础上定制开发自己的应用程序并通过其服务器和互联网传递给其他客户。PaaS 能够给企业或个人提供研发的中间件平台，提供应用程序开发、数据库、应用服务器、试验、托管及应用服务。

3) 基础设施服务——IaaS

IaaS 即把厂商的由多台服务器组成的"云端"基础设施，作为计量服务提供给客户。它将内存、I/O 设备、存储和计算能力整合成一个虚拟的资源池，为整个业界提供所需要的存储资源、虚拟化服务器等服务。这是一种托管型硬件方式，用户付费使用厂商的硬件设施。例如 Amazon Web 服务、阿里云服务器等均是将基础设施作为服务出租。IaaS 的优点是用户只需低成本硬件，按需租用相应计算能力和存储能力的软件服务即可，大大降低了用户在硬件上的开销。

 任务实施

任务 11.1　创建云手机和下载应用

1. 生成云手机

生成云手机的步骤如下：

(1) 登录辰宜云知识平台，单击【云计算】图标，打开浏览器→输入 "https://se.change-e.com" →按回车键，打开辰宜云知识平台，如图 11.1.1 所示。

创建云手机和下载应用

◆ 图11.1.1　选择【云计算】

(2) 选择任务并开始。单击【云计算】图标→在实施任务页面中选择【云手机的即时通讯】任务，右侧单击【开始任务】。

(3) 配置云手机。选择云手机的各项配置，包含 CPU、内存、存储空间和是否弹性伸缩，其中 CPU 和内存决定了云手机处理速度的快慢，存储空间决定了云手机的可储存资料的多少，弹性伸缩决定了手机是否可根据情况进行动态的扩容，等等。

如图 11.1.2 所示，单击【CPU】→在下拉列表中单击其中一个选项，单击【内存】→在下拉列表中单击其中一个选项，单击【储存空间】→在下拉列表中单击其中一个选项，单击【弹性伸缩】字段的【是】或【否】选项。

(4) 生成云手机。选择完配置后，单击【确定】按钮开始生成云手机，如图 11.1.3 和图 11.1.4 所示。

◆ 图11.1.2 选择云手机配置参数　　◆ 图11.1.3 生成云手机　　◆ 图11.1.4 云手机成功生成

2. 下载并注册 APP

1) 下载应用

云手机生成完成后，单击【应用商店】APP →在【隐客】APP 处单击【下载】按钮→下载完成后出现一个【打开】按钮，单击【打开】按钮，如图 11.1.5 和图 11.1.6 所示。

2) 注册

打开【隐客】APP 后，使用手机号码注册一个账号。

在【手机号码】处单击，填入手机号→手机号填写完成后，单击【获取验证码】按钮→收到验证码后，在【验证码】处单击，并输入验证码→单击【登录】按钮即可注册，如图 11.1.7 所示。

◆ 图11.1.5　下载【隐客】APP　◆ 图11.1.6　打开【隐客】APP　◆ 图11.1.7　使用手机号码进行注册

3. 登录、搜索指定用户并发起聊天

1) 查看个人资料

单击底部导航栏中的【我的】按钮，查看个人资料，如图 11.1.8 所示。

2) 用户搜索

单击底部导航栏中的【聊天】按钮，回到聊天页面→单击右上角的【+】按钮，进入到发起聊天界面→单击【手机号】输入框，输入对方的手机号→单击【搜索】符号进行搜索，可搜索到对应用户，如图 11.1.9 所示。

3) 发起聊天

单击【聊天】按钮进行聊天，如图 11.1.10 所示。

◆ 图11.1.8　查看个人资料　◆ 图11.1.9　通过手机号搜索用户　◆ 图11.1.10　与对方用户进行聊天

任务11.2　云手机图片传输

1.登录并上传图片

1) 登录平台

打开浏览器→输入"https://se.change-e.com"→按回车，打开辰宜云知识平台。

2) 选择并开始任务

单击【云计算】图标→在【实施任务】页面选择【云手机图片传输】任务，单击【开始任务】。

3) 打开相册

单击云手机桌面的图库【相册】工具，如图11.2.1所示。

4) 上传图片

上传本地图片至云手机，单击右上方的【+】按钮，选择本地图片上传至云手机，如图11.2.2所示。

云手机图片
传输

◆ 图11.2.1 打开【相册】

◆ 图11.2.2 上传图片

2.登录隐客并发起聊天

1) 登录隐客 APP

单击【相册】APP 左上角的【<】按钮，回到云手机桌面→单击【隐客】APP →使

用手机号码获取短信验证码登录账号，如图 11.2.3 所示。

2) 选择聊天对象发送图片

在聊天列表中单击要发送图片的对象，如需发送给新朋友，则单击右上角的【+】按钮，输入对方的手机号，单击搜索，可搜索到对应用户，如图 11.2.4 所示。

3) 发起聊天

单击选择用户开始聊天→单击页面底部的【+】按钮→单击【图片】按钮→单击选择【相册】里的其中一张图片，发送给好友，如图 11.2.5 所示。

◆ 图11.2.3 打开【隐客】APP

◆ 图11.2.4 【隐客】APP聊天列表界面

◆ 图11.2.5 在聊天框中向好友发送图片

任务11.3　云手机云盘共享

1. 打开并登录隐客 APP

1) 登录平台

打开浏览器→输入"https://se.change-e.com"→按回车，打开辰宜云知识平台。

2) 选择并开始任务

单击【云计算】图标→在【实施任务】页面选择任务【云手

云手机
云盘共享

机云盘共享】，单击【开始任务】。

3) 登录隐客 APP

在云桌面单击【隐客】APP →打开隐客 APP 后，使用手机号码获取短信验证码登录账号。

2. 进入云盘并下载云盘中的文件

1) 进入云盘空间

单击底部导航栏中的【云盘】按钮，进入云盘空间，如图 11.3.1 所示。

2) 下载文档

选择任意文档，单击【下载】按钮。

3) 查看文档

下载完成后，单击【打开】按钮，打开文档进行查看，如图 11.3.2 所示。

◆ 图11.3.1　打开云盘　　　　　◆ 图11.3.2　打开文档进行查看

1. 使用云手机的隐客应用发送文本信息和图片信息给三位同学。

2. 通过云相册上传素材文件夹里提供的图片，并发送给两位好友。

参 考 文 献

[1] 眭碧霞，张静，闫枫，等.信息技术基础[M]. 2版.北京：高等教育出版社，2021.

[2] 胡致杰，梁玉英，赖小平，等.计算机导论[M].北京：清华大学出版社，2017.

[3] 蒋加伏，沈岳.大学计算机[M]. 4版.北京：北京邮电大学出版社，2013.

[4] 甘勇，尚展垒，贺蕾.大学计算机基础(慕课版)[M].北京：人民邮电出版社，2020.

[5] 熊燕，杨宁，邓谦，等.大学计算机基础(Windows 10+ Office 2016)(微课版)[M].北京：人民邮电出版社，2019.

[6] 崔丹，罗建航，李千目，等.计算机导论[M].北京：清华大学出版社，2016.

[7] 常晋义，高燕.计算机科学导论[M]. 3版.北京：清华大学出版社，2018.

[8] 周苏，王文.大数据导论[M].北京：清华大学出版社，2016.

[9] 王鹏，黄焱，安俊秀，等.云计算与大数据技术[M].北京：人民邮电出版社，2019.

[10] 唐国纯.云计算及应用[M].北京：清华大学出版社，2015.

[11] 蔡自兴，刘丽钰，蔡竟峰，等.人工智能及其应用[M]. 5版.北京：清华大学出版社，2016.

[12] 丁世飞.人工智能[M]. 2版.北京：清华大学出版社，2015.

[13] 桂小林.物联网技术导论[M].北京：清华大学出版社，2012.

[14] 蒋宗礼.培养计算机类专业学生解决复杂工程问题的能力[M].北京：清华大学出版社，2018.

[15] 教育部高等学校计算机科学与技术教学指导委员会.高等学校计算机科学与技术专业实践教学体系与规范[M].北京：清华大学出版社，2008.